U0590053

TRIZ 发明原理及应用

主　编　王磊磊

副主编　姬志刚　张　苏

燕山大学出版社

·秦皇岛·

图书在版编目（CIP）数据

TRIZ发明原理及应用 / 王磊磊主编；姬志刚，张苏
副主编. -- 秦皇岛：燕山大学出版社，2025.3
　　ISBN 978-7-5761-0593-3

　　Ⅰ．①T… Ⅱ．①王… ②姬… ③张… Ⅲ．①创造性
思维－青少年读物 Ⅳ．①B804.4-49

中国国家版本馆CIP数据核字(2023)第232925号

TRIZ 发明原理及应用
TRIZ FAMING YUANLI JI YINGYONG

王磊磊 主编 姬志刚 张 苏 副主编

出 版 人：陈 玉			
责任编辑：金天颖		策划编辑：金天颖	
责任印制：昃 波		封面设计：刘馨泽	
出版发行：燕山大学出版社		电 话：0335-8387555	
地 址：河北省秦皇岛市河北大街西段 438 号		邮政编码：066004	
印 刷：涿州市殷润文化传播有限公司		经 销：全国新华书店	

开 本：787 mm×1092 mm 1/16		印 张：16.75		插 页：2	
版 次：2025 年 3 月第 1 版		印 次：2025 年 3 月第 1 次印刷			
书 号：ISBN 978-7-5761-0593-3		字 数：241 千字			
定 价：86.00 元					

版权所有 侵权必究
如发生印刷、装订质量问题，读者可与出版社联系调换
联系电话：0335-8387718

编 委 会

主　编：王磊磊

副主编：姬志刚　张　苏

编　委：（排名不分先后）

张　苏　韩春晓（河北省科学技术情报研究院）

姬志刚（南京理工大学知识产权学院）

王磊磊　陈亦仁　郭　菲　马　强　郝爱云　张晓荣

于沁平（河北工程大学）

焦洪磊（河北科技师范学院）

序

    我们一直在探索如何更有效地推动技术进步和解决实际问题。在创新方法领域，作为一种强大的创新工具，TRIZ 自诞生以来，便在全球范围内展现出了巨大的应用潜力和价值。

    本书的作者，是多位长期致力于创新方法应用推广的高校教师。他们熟知 TRIZ 理论的组成和特征，对 TRIZ 理论学习中存在的难点和痛点深有感悟，在推动学校创新教育和区域企业创新方法应用推广方面积累了丰富经验。

    TRIZ 体系内容丰富、系统性强，而受授课时长、效率、质量等因素影响，初学者往往出现仅用其表而不知其里，甚至胡编乱造的情况，这显然是一个亟待解决的重要问题。

    与全面阐述 TRIZ 理论的书不同，本书紧密围绕 40 条发明原理展开论述并深度剖析。小而精、简以用，聚焦于应用，这种形式对于接触 TRIZ 不深或解题时间迫切的初学者尤为友好。

    在本书中，40 条发明原理被赋予了鲜活的生命力。通过逐个解读和系列例证，展示其内在特性、应用领域和工作场景，体现了在创新活动中的实际效用，帮助读者快速理解和接受，引导他们感悟和掌握。

    愿这本著作是您开启 TRIZ 之旅的一盏灯。

郭鸿勇

前　　言

　　学习和掌握 TRIZ 理论是系统性的工程，"时间"成本成为制约个人积极性的重要因素。"在教学中积淀，在实践中成长"，在长期的教研、实训活动中，我们希望能够发掘出一些实用的"捷径"，帮助初学者尽快进入"实战"的状态，这便是本书《TRIZ 发明原理及应用》的成因。

　　本书在编著过程中，参考了国内外众多学者的研究成果，在此向服务于科技战线的研究者们深表谢意。全书共分为七章，各章节的主要负责人为王磊磊（第 1 章）、姬志刚（第 2 章）、郝爱云（第 3 章）、陈亦仁（第 4 章）、马强（第 5、7 章）、郭菲（第 6 章），其中第 3~7 章由姬志刚共同撰写完成。另外，于沁平手绘了文中所有的插图，张苏、韩春晓、焦洪磊在本书的规划、设计及核稿中付出极大心血。

　　最后，感谢河北省创新方法研究与推广应用专项"区域企业创新方法应用研究与实施"（项目编号：CXFF-2024CY02）的支持，同时向为本书作序的郭鸿湧先生致以崇高的敬意！

　　时间仓促，疏漏难免，恳请各位专家、同行、读者批评指正。

目　　录

附表：阿奇舒勒矛盾矩阵表

第1章　绪论

TRIZ 理论从 1946 年被提出，发展到现在已经有近 80 年时间，已成为影响和提升企业创新能力的重要工具。

现代 TRIZ 理论是一套完整的技术创新知识体系，包括基本概念、工具和算法三方面的内容。实际上，该体系是庞大的，一本大而全的教材通常信息量丰富而对细节的把控往往不足。学好 TRIZ，既要对基础知识有较为全面的认知，又要据此对 TRIZ 工具展开有效实施，这对于初学者快速应用 TRIZ 解决实际问题十分困难。

短时间内全面学好 TRIZ 理论是有难度的，尽可能多地采用分析和解题工具也不现实；对于相当一部分的学员来说，这样的解题过程特别是最终方案的获得，往往牵强。因此，与其大而无序，还不如抓住重点，选择容易理解且实用性较强的方式。

鉴于 40 条发明原理在 TRIZ 中具有基础、核心地位以及普适意义，本书紧扣 40 条发明原理展开说明。首先对其在 TRIZ 理论中涉及的基础知识包括功能分析、因果链分析以及 40 条发明原理本身进行了概述，继而介绍了技术矛盾、物理矛盾与 40 条发明原理的解题关联，然后举例展示运用 40 条发明原理解决实际问题的一般流程。

原理怎么说，如何做？这才是需要阐述的关键。本书将 40 条发明原理进行分类并逐条深挖，对其定义、内涵以及应用进行详细说明和例证，力求脉络清晰、梗概分明。

作为编者的初衷，愿读者开卷有益、学有所获。本书适用于对 TRIZ 理论有强烈兴趣，而没有过多时间去细致品读的初学者，通过本书的学习，希望能够以 40 条发明原理为抓手，快速熟悉和掌握相应的方法、步骤，尝试解决实际问题。

书中对 40 条发明原理涉及的基础知识，只作概要式说明，而其他 TRIZ 理论则并未提及，详细内容请参阅有关教材或文献。

1.1 TRIZ 理论的发展

发明问题解决理论（TRIZ）是一种系统的创新方法，它通过分析和解决技术冲突来推动技术创新。TRIZ 理论综合了多学科领域的原理和法则，为创新提供了有力的理论支持。根据 ETRIA（欧洲 TRIZ 协会）统计，应用 TRIZ 理论与方法可以显著增加专利数量并提高专利质量，提高新产品开发效率，并缩短产品上市时间。具体而言，可以增加 80% 到 100% 的专利数量；可以提高 60% 到 70% 的新产品开发效率；可以缩短 50% 左右的产品上市时间。

TRIZ 理论的发展主要经历了以下几个阶段。

（1）创始与奠基（1946—1980 年）

1946 年，苏联科学家根里奇·阿奇舒勒（G. S. Altshuller）及其团队通过对大量专利文献的分析研究，发现了发明背后的规律和模式，从而创立了 TRIZ 理论。在这一阶段，提炼出了 TRIZ 的核心理念和工具，包括矛盾矩阵、40 条发明原理、物场模型、技术进化法则等，这些工具和原理为 TRIZ 理论的发展奠定了坚实的基础。

（2）发展和应用（1981—1990 年）

该阶段中，阿奇舒勒及其追随者开始设立与 TRIZ 相关的培训学校，培养出更多的 TRIZ 专家；而 TRIZ 理论开始应用于工业企业以解决实际问题，取得了显著成效。

（3）扩散和成熟（1991 年至今）

随着苏联的解体，大量 TRIZ 专家移居到西方国家，TRIZ 理论在全球范围内迅速传播，越来越多的国家和企业开始认识到 TRIZ 理论的价值，并将其应用于产品开发、创新管理等领域。进入 21 世纪以来，TRIZ 的发展和传播处于加速状态，研究 TRIZ 的学术组织和商业公司不断增多，学术会议也频频召开。

现代 TRIZ 理论体系更加完善，特别是引入了功能导向搜索、S 曲线、主要价值参数、技术进化趋势、克隆问题、知识产权评估等新内容，为创新问题的解决提供更强力的支持。同时，TRIZ 开始与其他创新方法相结合，形成更加综合的创新方法论，这种整合有助于更全面、灵活地解决问题。随着科技的发展，也出现了许多数字化的 TRIZ 工具和软件，使得更多人能够方便地应用 TRIZ 方法，这也必将进一步推动 TRIZ 理论普适应用效果。

我国引入 TRIZ 的时间大约在 20 世纪 80 年代，始于东北地区，黑龙江省在 TRIZ 理论的引入和推广方面发挥了重要作用。1987 年，魏相、徐明泽翻译出版了《创造是精密的科学》一书，标志着 TRIZ 理论首次被引入中国。2008 年 7 月，民政部正式批准成立创新方法研究会（Innovation Method Society），TRIZ 理论作为创新方法研究与应用的主要组成。基于 TRIZ，国内衍生出的 C-TRIZ、U-TRIZ、元易创新方法、第二曲线创新等理论为 TRIZ 的中国化及其蓬勃发展注入活力。

1.2 TRIZ 基础简介

TRIZ 作为一套发明问题的解决方法，其理论体系的内容非常丰富。现代 TRIZ 理论体系的基本组成，涉及术语、工具和算法等部分。由于本书篇幅和写作重点的限制，本节将围绕 40 条发明原理及其关联内容进行概述。

1.2.1 术语

术语涵盖了 TRIZ 理论的基本概念，主要是通过 TRIZ 语言去重新解读和认识创新对象，是将现实问题转换为 TRIZ 问题的前置内容。常用术语包括组件、功能、技术系统、矛盾（冲突）、理想解等。

1. 组件

组件指广义上的物体，是组成当前系统或超系统（见后面的定义）的一部分，可以是物质、场或它们的组合。这里，物质是指具有静质量的物体，场是一种传递物质之间相互作用的无静质量的对象（如电场、磁场等）。选择合适的组件层级进行分析是关键，层级过低会使系统过于复杂，而层级过高则可能漏掉细节。

2. 功能

功能是 TRIZ 理论体系中的一个核心概念，它描述了一个组件（系统）对另一个组件（系统）或环境产生的影响或作用，是产品或技术系统在特定约束条件下输入/输出时，参数或状态变化的一种抽象描述。而功能的抽象化是 TRIZ 功能分析的一个重要步骤，可以据此将功能描述得更加简洁、准确，有助于产生创新思路。

3. 技术系统

技术系统指的是由多个相互关联、相互作用的组件构成的整体，旨在实现特定的功能。其组件、子系统以及超系统之间的关系和相互作用是分析和解决问题的关键。正在研究的系统也称为当前系统，由多个子系统组成并通过子系统间的相互作用实现一定的功能。系统之外的高层次系统称为超系统，而系统之内的低层次系统称为子系统。

4. 矛盾（冲突）

在 TRIZ 理论体系中，矛盾被认为是推动创新的重要动力，定义为"一个或更多参数、特性或要求之间的冲突"，而这些冲突可能阻碍了系统或过程的性能提升。TRIZ 将矛盾主要分为技术矛盾和物理矛盾，并提供了一套工具和方法来分析和解决矛盾。

5. 理想解

理想解（Ideal Final Result，IFR），也被称为最终理想解，代表了创新者对于理想化解决方案的设想，是创新活动的方向标和导航仪。理想解指通过创新思维和问题解决技巧，设想出的一个理想化的解决方案，能够完全消除问题的负面影响，同时满足所有的需求和约束。

理想解是理想化的产物，可以不考虑现有技术和资源的限制，去追求问题解决的极致状态。在理想解中，问题发生的区域或作用对象能够自我解决问题，实现功能，而不依赖外部资源或工具。

6.理想度

与理想解相关，反映了技术系统在进化过程中对于社会需求的适应程度以及系统本身性能的优化水平。理想度可以定性地描述为技术系统在最小程度改变的情况下能够实现最大限度的自服务，即自我实现、自我传递、自我控制。它从技术角度对技术系统的有用功能与有害功能（包括成本和耗费）的综合效益进行衡量，可定量描述为：

$$理想度 = \frac{\sum 所有有用功能}{\sum 所有成本 + \sum 所有有害功能}$$

从上式可以看出，最理想状况对应条件为：所有有用功能无穷大，所有成本等于 0，所有有害功能也等于 0；即相应的技术系统作为物理实体并不存在，但能够实现所有必要的功能，代表在考虑所有的目标和约束时的理论最优解。

7.资源

资源指一切可以被人类开发和利用的物质、能量、信息等的总称，其在解决创新问题、提高系统理想度方面发挥着关键作用。在 TRIZ 中，资源分析是解决问题和创新过程中的重要步骤，据此可能发现潜在的未利用资源，并将其应用于解决问题和创新过程中，从而找到更经济、更有效的解决方案。

1.2.2 工具

工具指用于分析和解决问题的必备手段，包括创新的规律、创新的思维和创新的方法。这三部分在解决实际问题的过程中，所处的层级不同，其具备的特性和解决问题的方式也不同。

1. 创新的规律

从产品或技术的进化角度去预测工程系统开发的未来，从而明确方向、提前布局和指导创新。规律反映的是趋势，创新的规律处于宏观层，涉及的内容和信息量通常较大，涉及的创新点也很多，技术研发人员难以自主凝练。技术系统的创新点更多受企业决策者的影响，实施中应该首先向管理层进行合理化建议，为寻求和抓住技术突破口做准备。

（1）技术系统进化 S 曲线：阿奇舒勒通过分析大量的发明专利，发现技术系统的进化和生物系统进化一样都满足 S 曲线进化规律（满足产生、成长、成熟、衰亡的过程），即技术系统进化论。该理论与达尔文生物进化论和斯宾塞的社会达尔文主义齐肩，被称为"三大进化论"。

（2）技术系统进化八大法则是指导技术创新和问题解决的重要理论框架，与 S 曲线之间存在着紧密的联系和互动。经典八大法则包括提高理想度法则、子系统不均衡进化法则、动态性和可控性进化法则、子系统协调性进化法则、向微观级和场的应用进化法则、增加集成度再进行简化的进化法则、能量传递法则、完备性进化法则。

现代 TRIZ 在进化趋势上表现出更多的灵活性和创新性，它吸收了更多现代设计方法和创新思维，形成了更为丰富和多元的理论体系。进化趋势间有一定的联系和明显的结构层次，每个趋势都对应了一定的算法，经典 TRIZ 中的八大法则在现代 TRIZ 中也被进一步细化和拓展，形成更多的进化路径或趋势。

2. 创新的思维

思维障碍是阻碍我们创造性解决问题的重要因素，创新通常从思维入手。常见的创新思维方式包括发散思维、逆向思维、联想思维、类比思维以及更为具体的思维导图法、六顶思考帽法、综摄法等。这类方法都与人的思维活动和路径相关，往往只能提供方向性指导，并不能完全避免思维陷阱，或者只能帮助跳出思维陷阱；而对于找到解决方案收敛性不足、效果不佳，甚至需要很多创意才能形成一个可行方案，其应用效果也受参与者主观因素的影响。

TRIZ 的创新思维是在遵循客观规律的基础上，引导人们沿着一定的维度进行发散思维，包括系统、时间、宏观、微观等多个层面。通过这种思维技法的引导，对创新活动进行逻辑性发散思考，激励和启发产生解决问题途径。

常见的 TRIZ 创新思维技法包括最终理想解（IFR 法）、金鱼法、九屏幕法、STC 算子法和聪明小人法等。具体应用中，由于思维与现实的对接必然存在天然的"鸿沟"，需要一定的实践经验来辅助，甚至要求突破各种技术壁垒。因此，由创新思维直接解决技术难题往往给人感觉较为抽象，实施中不妨将其作为启智内容来参考。

3. 创新的方法

创新的方法主要包括功能分析、因果链分析、发明创新原理分析、技术矛盾、物理矛盾、物场模型、标准解、知识库等。这些方法在 TRIZ 理论中更为具体和显化，它们所对应的体系也相对成熟和完善，在实践中也展现出了强大的逻辑性和应用性，衔接过渡自然流畅，这也是 TRIZ 初学者和一般科技人员将其作为 TRIZ 切入点来应用的原因。

创新的方法可以分为分析问题和解决问题两大类，而实际使用中，在分析问题时也可能会产生解决问题的思路，并据此获得方案。

（1）功能分析

功能分析，就是将一个系统的有关技术信息整合，用功能的语言将技术系统描述成 TRIZ 可以识别的模型，进而用后续解题方法进行解题。它是一种系统且结构化的方法，用于理解和优化技术系统或产品的功能，有效帮助识别系统中的问题组件，理解组件间的相互作用，以及评估组件的功能价值。功能分析是 TRIZ 中大多数方法的基础，比如因果链分析、裁剪、标准解、ARIZ 等，同时它也是应用最广泛的、最为有效的 TRIZ 方法。功能分析的步骤主要包括以下几点。

①组件分析

识别当前技术系统及其超系统中的各个组件并分类列出。需要注意，要选择在同一层级上的组件进行分析；基于功能考虑，若有多个相同的组件，可视为一个组件；组件数量不宜过多，一般建议在 10 个左右。

②相互作用分析

对所有组件建立相互作用矩阵，分析各组件间的相互作用关系。如果两组件之间发生相互作用，矩阵相应交叉处用"＋"表示；不发生作用，则用"－"表示。分析时，要注意不能忽略场的相互作用；同时，尽量检查相互作用表格的对称性，以验证分析的准确度。

③功能建模

首先根据组件间的相互作用，识别每个组件的具体功能，评估每个功能的性能水平（如正常、不足、过量或有害）。然后，创建功能模型图，用图形化的方式表示组件间的功能关系。一般，功能模型图中，使用矩形框表示系统组件；系统的作用对象（超系统组件）用胶囊框表示；其他超系统用菱形框表示；箭头表示功能方向，与箭头连接的部分表示功能形式，其中不足作用用虚线表示，过渡作用用粗实线表示，有害作用用波浪线表示。

④确定功能缺陷模型

通过功能建模图，我们可以清晰观察当前及超系统各组件间的功能作用关系，并从中提取主要问题对应的功能模型。

⑤功能－成本分析

在功能分析中，按功能作用对象的不同，可以将功能进行功能等级的判断，分为基本功能（直接作用于系统作用对象）、附加功能（直接作用于超系统组件但不是系统作用对象）和辅助功能（直接作用于系统内组件），同时据此对工程系统中的各个组件进行功能评分。

将某个组件执行所有有用功能的评分加起来，即得到该组件的功能总分，得分高低直接反映其功能性能的强弱。而一个组件的成本（含材料及人工成本等）可以被计算出来，这就引出了价值的公式：价值 V= 功能 F/ 成本 C。而根据功能和成本的关系，就可以得到功能 - 成本图，可以用来评估组件的价值，帮助识别哪些组件在功能上是合理的，哪些可能需要优化或替换。

（2）因果链分析

因果链是由一系列原因和结果组成的有序事件序列，每一个事件都是下一个事件的原因，这些相应的原因和结果都一个个具备前后关联的缺点。

通过功能分析，我们可以全面地从功能角度找到工程系统的功能缺陷或对应的问题组件（问题模型），但这里所得到的功能缺陷往往是较为明显的表面缺点，通常不容易解决或者它们并不是造成问题的根本原因。因果链分析，是现代 TRIZ 理论中帮助我们深入分析查找工程系统深层潜伏问题的重要工具。它通过构建有序的事件序列，揭示问题产生的根本原因及其发展过程，从而帮助找到解决问题的关键突破点。

我们可以基于功能模型进行因果链分析，通过分析功能三元素（功能载体、功能对象和具体作用）属性，找到因果链中每一层级的关键原因，寻求解决方法将其消除。因果链分析主要由以下几个关键部分组成，图 1-1 为因果链示意图。

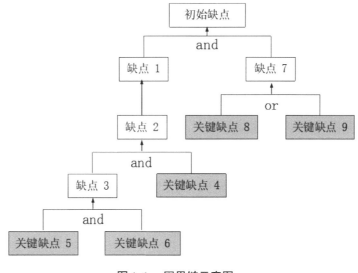

图 1-1　因果链示意图

①初始问题（缺点）

作为分析过程的起点，初始问题通常是由项目目标决定的问题或反面情况，比如项目目标是提升效率，那么初始缺点就是效率较低，或者是技术系统存在的显著问题。

②中间缺点

中间缺点是在初始问题的基础上，通过进一步分析得出的中间层级的问题或缺点。

③末端缺点

末端缺点即问题链中的最底层缺点。

④关键缺点

关键缺点指在因果链中，对上一层缺点（特别是初始缺点）具有显著影响，且通过解决这些缺点能够有效消除或减轻初始缺点的那些缺点。它指的是通过因果链分析找出的、对解决问题具有核心影响力的缺点，通常作为因果链中的薄弱环节，也是解决问题的关键所在（即突破点），一般在末端缺点和中间缺点中产生（也需考虑因果链间的逻辑关系）。

因果链分析的主要目的在于对关键缺点的识别和提取，然后将关键缺点转换为关键问题，再提出解决方案或由其他 TRIZ 工具问题进行求解。

对于 TRIZ 流程，功能分析在因果链分析之前完成，而在基于功能模型进行的因果链分析中，由功能分析得到的问题模型（功能缺陷）一定是因果链中的一个缺点，它可以是中间缺点、末端缺点，也可以作为关键缺点。

因果链分析的实施步骤主要包括：

①通过项目目标或技术系统分析，确定初始问题，并将其作为分析对象。

②判断可能导致初始问题的原因，确定哪个或哪些功能可能出现问题；根据功能判别存在问题的参数；进一步分析具体是哪个或哪些参数出现了问题；从发现的问题出发，依次列出其直接原因。

③以这些原因为结果，继续分析其原因，直至找到根本原因（末端缺点）。

④将每个原因与其结果用箭头连接，箭头从原因指向结果，构成因果链。同层次的原因可以用"and"（共同作用）或"or"（任意一个单独作用）进行表示。

⑤根据因果链分析，确定造成目标问题出现的关键原因（缺点）；根据关键原因转换为关键问题，形成解决问题的突破点。

⑥针对关键问题提出初始解决方案假设；或者将关键问题转化为技术矛盾、物理矛盾等工具进行解决。

因果链分析实施中的注意事项包括：

①确保因果关系的逻辑有效性

分析过程中要确保因果关系的逻辑清晰，避免跳跃性过大导致遗漏重要信息。

②识别关键原因

在因果链中找到最易控制或最薄弱点作为解决问题的关键。如果关键原因难以识别，可以选择次优的薄弱点或易控制点。

③考虑多种原因和结果

同一个结果可能由多个原因造成，分析时要全面考虑。要分析这些原因之间的关系，以及它们与问题现象之间的关联。

④终止分析的条件

不能继续找到下一层的原因；达到自然现象、物理、化学、生物或几何等领域的极限；当达到制度、法规、行业标准、权利、成本等极限；当继续深挖下去变得与本项目无关。

（3）发明（创新）原理

①发明原理的由来

在 TRIZ 理论的形成初期，阿奇舒勒及其同事通过对 250 万份专利文献进行分析，发现隐藏于专利之中的规律，即无论这些专利来自哪个国家和领域、解决了什么问题，它们在解决问题的过程中都遵循了一定的模式和方法。

基于这一发现，阿奇舒勒等人提炼出了 40 种最常用的发明原理，它涵盖了广泛的问题解决策略，具有高度的普适性，可以应用于各种技术领域和工程问题中。40条发明原理也是经典 TRIZ 的核心内容。

②40 条发明原理的基本内容

本书后续章节主要阐述 40 条发明原理及其应用。作为导入部分，这里只对发明原理的基本内容简单介绍，如表 1-1 所示，序号与每项发明原理编号逐条对应。

表 1-1　40 条发明原理

序号	原理名称	序号	原理名称	序号	原理名称	序号	原理名称
1	分割	11	预设防范	21	急速作用	31	多孔材料
2	抽取	12	等势	22	变害为益	32	变换颜色
3	局部质量	13	反向作用	23	反馈	33	同质性
4	不对称	14	曲面化	24	中介物	34	抛弃与修复
5	组合	15	动态性	25	自服务	35	参数变化（物理/化学参数和状态）
6	多用性	16	不足或过量作用	26	复制	36	相变
7	嵌套	17	维数变化	27	一次性用品	37	热膨胀
8	重量补偿	18	振动	28	机械系统替代	38	强氧化作用
9	预先反作用	19	周期性动作	29	气压和液压结构	39	惰性介质
10	预先作用	20	有效持续作用	30	柔性壳体或薄膜结构	40	复合材料

③发明原理的应用特征

第一，系统化方法。TRIZ 理论提供了一套系统化的方法，帮助人们系统地分析和解决问题，而不是依赖于偶然的灵感或试错法。

第二，跨学科应用。这些原理不仅适用于传统的工程领域，还扩展到了微电子、生物医学、管理、文化、教育等各个领域。

第三，提高效率和可预见性。掌握这些原理可以大大提高发明的效率，缩短发明的周期，并使发明过程更具可预见性。

第四，问题导向。TRIZ 理论关注于识别和解决技术矛盾和物理矛盾，通过矛盾矩阵等工具帮助人们找到最佳的解决方案。

第五，创造性启发。这些原理提供了创造性的启发，鼓励人们跳出传统思维模式，探索新的解决方案。

（4）技术矛盾

TRIZ 是一套系统的创新方法论，旨在帮助人们快速识别和解决各类技术矛盾，其中技术矛盾和物理矛盾及其解决办法是最重要的内容。部分教材里面也有将"矛盾"表达为"冲突"。

技术矛盾可以用于解决由因果链得到关键缺点转化来的关键问题。

①技术矛盾的概念

技术矛盾指技术系统内部存在的一种冲突状态，即改善一个系统或子系统中的某个参数（特性）时，会导致另一个或多个参数（特性）的恶化。技术矛盾通常表现为一个系统中两个子系统间的矛盾，包括以下三种形式：

一是当一个子系统中的有用功能被引入或增强时，导致另一个子系统产生有害功能或增强了已有的有害功能；二是当消除一个子系统中的有害功能时，导致了另一个子系统中的有用功能减退；三是一个子系统有用功能的增强或有害功能的减少时，导致了另一个子系统或整个系统变得更加复杂。

②技术矛盾的描述

技术矛盾一般用"如果……，那么……，但是……"来描述，即："如果采用某种常规方案或手段 A，那么改善了参数 B，但是恶化了参数 C。其中，改善的参数 B 是根据关键问题提出的。"

为了保障解决问题的全面性，对于上述问题，还会通过反向技术矛盾进行验证和再求解，即："如果采用某种常规方案或手段 -A，那么改善了参数 C，但是恶化了参数 B。其中，改善的参数 B 是根据关键问题提出的。"其中的 -A，指的是与原来常规方案或手段相反的方式方法。

③ 39 个通用工程参数

由技术矛盾的描述可知，技术矛盾的解题方法与改善和恶化的参数有关，这些参数构成了 TRIZ 理论中解决技术矛盾的基础。但这些涉及的参数可能涉及各个行业特定的具体形式，参数过多且仍在不断扩展，显然将其直接应用是不现实的。

阿奇舒勒团队通过对海量专利的深入研究，发现尽管这些专利所属的技术领域千差万别，但隐含在系统冲突背后的矛盾数量是有限的。也正基于这一点，整理出了引起系统矛盾的 39 个通用工程参数，它能够覆盖技术系统中遇到的大多数矛盾情况，为描述和解决技术系统中存在的问题提供了标准语言。

这些参数可以分为多个类别来描述技术系统中的不同方面，归纳如表 1-2 所示。

表 1-2　39 个通用工程参数的分类及表达

系统类别	通用工程参数	参数解释
几何和运动特性	运动物体的重量	在重力场中，运动物体所受到的重力。该参数反映了处于运动状态下物体的质量大小，对于涉及运动的系统设计和分析至关重要。
	静止物体的重量	在重力场中，静止物体所受到的重力，与运动物体相对应，静止物体的重量同样是一个关键考量因素。
	运动物体的长度	运动物体的任意线性尺寸，不一定是最长的，都认为是其长度。明确运动物体在特定方向上的线性尺寸，对其空间布局和运动轨迹规划有重要意义。
	静止物体的长度	静止物体的任意线性尺寸，不一定是最长的，都认为是其长度。静止状态下物体的长度特性，影响着其在给定环境中的适应性。
	运动物体的区域或面积	运动物体内部或外部所具有的表面或部分表面的面积。描述运动物体所占据的平面范围，在空间利用和相互作用方面有显著影响。
	静止物体的区域或面积	静止物体内部或外部所具有的表面或部分表面的面积。相应区域大小，关乎与其他物体的配合和空间安排。
	运动物体的体积	三维空间中运动物体所占的体积，对运输、存储等方面产生影响。

（续表）

系统类别	通用工程参数	参数解释
	静止物体的体积	静止物体所占有的空间体积。静止物体的体积特性在某些场景下也需重点考虑。
	速度	物体的运动速度、过程或活动与时间之比。直接关系到物体的动力性能和运动控制。
物理和动力特性	力	力是两个系统之间的相互作用，在 TRIZ 中，力是试图改变物体状态的任何作用。 物体对外施加作用的能力，是力学分析的重要指标。
	应力或压力	单位面积上所承受的力。对于结构强度和稳定性评估至关重要。
	形状	物体的外部轮廓或系统的外貌。不仅影响美观，还与功能实现和相互配合密切相关。
	温度	物体或系统所处的热状态，包括其他热参数。对材料性能、热膨胀等有重要影响。
	光照度	单位面积上的光通量，系统的光照特性。 在光学设备和照明设计等领域有特定意义。
	功率	单位时间内所做的功。衡量能量转换效率的重要指标。
	能量损失	能源未被有效利用的部分。减少能源浪费是可持续发展的关键目标之一。
静态和动态特性	结构的稳定性	系统的稳定性及系统组成部分之间的关系，是衡量物体保持原有状态的能力。稳定性差可能导致系统故障或失效。
	强度	物体抵抗外力作用使之变化的能力。保证物体安全可靠运行的关键因素。
	运动物体作用时间	反映运动物体在长期使用过程中的可靠程度和寿命。衡量运动物体长期性能的重要指标。
	静止物体作用时间	静止物体的类似属性。同样反映物体在长期使用过程中的可靠性。
资源消耗和效率	运动物体耗费的能量	运动物体在运行过程中消耗的能量情况。对于能源管理和效率优化至关重要。
	静止物体耗费的能量	静止物体的能耗情况。也是整体能源分析的一部分。

（续表）

系统类别	通用工程参数	参数解释
	物质损失	指在产品的使用、存储或运输过程中，由于磨损、腐蚀、损坏或其他原因导致的材料、部件或子系统的减少或失效。不仅会影响产品的性能和寿命，还可能增加维护成本和环境污染。设计和制造时，需要考虑如何减少物质损失，提高产品的耐用性和可持续性。
	信息的丢失	指在信息传递、存储或处理过程中，由于系统故障、人为错误或其他原因导致的数据丢失或损坏。设计和实现信息系统时，需要采取有效的措施来保护数据的安全性和完整性，减少信息损失的风险。
	时间损失	指在完成某项任务或活动时，由于效率低下、流程烦琐或其他原因导致的时间浪费。在优化流程、改进设计或提升管理水平时，需要考虑如何缩短时间周期，减少不必要的时间消耗。
	物质或事物的数量	指构成产品或系统所需的各种材料、部件和子系统的总量。过多的数量可能导致成本增加和复杂性提高，而过少的数量则可能影响产品的性能和可靠性。因此，需要在数量和质量之间找到平衡点。
可靠性和精度	可靠性	反映了产品或系统在规定条件下和规定时间内完成规定功能的能力。在设计和制造产品或系统时，需要考虑如何提高其可靠性，包括选择高质量的材料和部件、优化设计和制造工艺、加强测试和验证等。
	测量精度	指测量结果与真实值之间的接近程度。提高测试精度可以减少误差和不确定性，提高决策的准确性和可靠性，这需要选择适当的测量方法和设备、进行准确的校准和验证、严格控制测试环境等。
	制造精度	指产品在制造过程中达到的实际性能与设计要求之间的符合程度。在制造过程中，需要采取一系列措施来确保制造精度，包括选择合适的制造工艺和设备、制定严格的工艺规范和操作程序、加强质量控制和检测等。
操作和维护特性	作用于物体的有害因素	外界对物体产生不良影响的因素。需要在设计和防护中加以考虑。
	物体产生的有害因素	物体自身引发的不利情况。
	可制造性	物体或系统制造过程中简单、方便的程度。反映了产品在生产过程中的难易程度，包括所需的工艺复杂性、材料获取的便利性、生产周期等因素。
	可操作性	可操作性关注于产品的易用性和效率。良好的可操作性意味着用户能够轻松、快速地完成所需的操作，而无需复杂的培训或工具支持。

系统类别	通用工程参数	参数解释
	可维修性	指产品在使用过程中出现故障时，能够迅速、简便地进行维修和恢复的能力。高可维修性可以降低维护成本，提高产品的可靠性和使用寿命。
复杂性和适应性	适应性和多样性	物体或系统响应外部变化的能力，或应用于不同条件下的能力，强调产品的灵活性和通用性。具有良好适应性的产品能够在不同的环境或条件下正常工作，而多用性则意味着产品具有多种功能或用途，能够满足用户多样化的需求。
	装置复杂层次	反映了系统内部结构的复杂程度。高复杂性的系统通常包含更多的元件和更复杂的相互关系，可能导致系统难以理解和维护。设计系统时需要考虑如何平衡复杂性和功能需求。
	控制的复杂层次	监控与测试的困难程度与系统的复杂性和设计质量密切相关。高复杂性的系统可能需要更复杂的监控和测试手段来确保其正常运行。设计系统时需要考虑如何降低监控与测试的困难程度，提高系统的可维护性和可靠性。
	自动化程度	自动化程度是衡量系统智能化水平的重要指标。高度自动化的系统能够自主完成任务，减少人工干预和错误，提高生产效率和产品质量。
生产率和成本	生产率	是衡量系统产出效率的关键指标。高生产率意味着系统能够在相同的时间内完成更多的任务或生产更多的产品，从而提高经济效益和市场竞争力。

39 个通用参数为分析和解决技术问题提供了标准化的语言，使之能够将复杂的技术问题转化为标准化的技术矛盾，进而通过矛盾矩阵和创新原理找到有效的解决方案。在实际应用中，工程师需要根据具体问题选择适当的参数来描述矛盾，并借助 TRIZ 理论提供的工具和方法解决问题。

（5）技术矛盾矩阵

阿奇舒勒等人提出的 40 条发明原理，可以用于解决各种技术领域的问题。但在实际应用中，虽然对 40 条发明原理按技术进行了分类，但逐条去查询显然效率太低。

为了提高 40 条发明原理应用的针对性并提高运用效率，阿奇舒勒提出了著名的矛盾矩阵（见附表），行和列分别代表 39 个通用工程参数，这些参数是在技术问题中可能出现的改进和恶化方面。通过查找矛盾矩阵中的交叉点，可以找到推荐的发明原理，以解决特定矛盾。矛盾矩阵与 40 条发明原理关系包括：

①互补性与系统性

矛盾矩阵作为系统性的框架，用于分析问题中存在的技术矛盾，并指导创新者寻找解决矛盾的途径。而 40 条发明原理则是该框架中的具体工具，为创新者提供了解决矛盾的策略。矛盾矩阵和 40 条发明原理相互配合，形成了一个完整的问题解决体系。创新者可以通过矛盾矩阵快速定位问题中的矛盾，并借助 40 条发明原理找到解决这些矛盾的有效方法。

②对应性与指导性

在矛盾矩阵中，每个交叉点都对应着一个或多个发明原理的编号。这表示，当创新者在解决技术矛盾时，只需要在矛盾矩阵中找到相应的交叉点，就可以快速地获取到推荐的发明原理。这些推荐的发明原理为创新者提供了明确的指导方向，帮助他们更加高效地解决问题。由于该原理是基于大量专利案例的分析总结得出的，因此具有广泛的适用性和可靠性。

③动态性与灵活性

尽管矛盾矩阵和 40 条发明原理为创新者提供了一个相对固定的框架和工具集，但在实际应用过程中却表现出很高的动态性和灵活性。创新者可以根据问题的具体情况和需求，灵活地选择和组合不同的发明原理。

此外，随着技术的不断发展和问题的复杂化，矛盾矩阵和 40 条发明原理还会不断地进行更新和完善。

（6）物理矛盾

物理矛盾指在系统设计或优化过程中，对一个系统或对象的同一个参数提出了相反但合理的要求。这种矛盾的本质在于，为了实现某种功能或满足某种需求，要求某个参数向一个方向发展，但同时又为了其他因素或需求，该参数又需要向相反的方向发展。

　　与技术矛盾的区别在于，技术矛盾在两个参数间产生，而物理矛盾则是单一参数产生的相反两面，常见的物理矛盾如表 1-3 所示。

表 1-3　常见物理矛盾的类型及释意

类别	物理矛盾	解释
几何类	长与短	需要长度长以满足某种功能（如稳定性、强度）； 需要长度短以减少空间占用、提高便携性。
	厚与薄	需要厚度大以提高结构强度、耐久性； 需要厚度薄以减轻重量、节省材料。
	宽与窄	需要宽度大以增加接触面积、提高稳定性； 需要宽度窄以减小体积、便于安装。
	对称与非对称	对称设计具有美观性、平衡性； 非对称设计可能更适合特定功能需求。
材料及能量类	温度高与低	需要高温以实现某种化学反应或工艺过程； 需要低温以避免材料损坏、节约能源。
	硬度软与硬	需要硬度高以增加耐磨性、承载能力； 需要硬度软以提高弹性、舒适度。
	功率大与小	需要大功率以满足高负载需求； 需要小功率以节约能源、减少噪声。
	密度大与小	需要密度大以提高强度、稳定性； 需要密度小以减轻重量、便于携带。
功能类	冷与热	需要冷却以维持设备正常工作温度； 需要加热以实现特定工艺要求。
	快与慢	需要快速响应以提高工作效率； 需要慢速操作以确保精度和安全。
	推与拉	需要推力以实现向前运动； 需要拉力以实现特定操作（如刹车）。
	喷射与堵塞	需要喷射以实现液体或气体的流动； 需要堵塞以防止泄漏或保持压力。
时间与空间类	时间长与短	需要长时间运行以满足持续工作需求； 需要短时间启动以快速响应。
	空间占用大与小	需要大空间以容纳更多设备或部件； 需要小空间以减少占用面积、提高空间利用率。

①物理矛盾的表达形式。物理矛盾的表达通常包含以下几个要素：一是对象，要明确是哪个技术系统或技术系统对应的哪个组件；二是参数或特性，指出是哪个具体的工程参数或特性产生了矛盾；三是互斥的要求，列出对上述参数或特性提出的两个相反的要求；四是功能或需求，解释提出这些相反的要求是因为分别满足了哪些功能或需求。

基于以上要素，常采用的物理矛盾的间接表达形式为，"对象"的"参数或特性A"需要具有"特性B"，因为需要实现"功能或需求C"；但同时，"对象"的"参数或特性A"又需要具有"特性-B"，因为需要实现"功能或需求D"。

上述表达形式中，A表示单一参数和特性，B表示正向需求，-B表示反向需求，C和D分别表示满足正向需求B和反向需求-B时可以达到的效果。

②物理矛盾的解决方法。对于要确定解决的关键问题（如由因果链得出），TRIZ理论提供了多种解决物理矛盾的方法，其中最重要的是分离原理。分离原理，指针对造成物理矛盾的单一参数在不同的条件的不同需求，可以通过相应的条件进行分离，使工程系统在特定的条件下具备某种特性以满足相应的需求。

采用分离原理解决物理矛盾的步骤如下：

第一，明确关键问题；

第二，识别物理矛盾，描述这些相反的需求，包括各自的要求和限制条件；

第三，通过加入导向关键词重新描述物理矛盾；

第四，根据矛盾需求的特点，选择适当的分离原理，并考虑如何利用所选的分离原理来解决物理矛盾；

第五，选择相应的发明原理（每种分离原理均有推荐的常用发明原理）；

第六，将设计好的分离方案应用到实际的技术系统中，产生具体的解决方案；

第七，尝试通过其他导向关键词重复上述相关步骤，进行必要的调整和优化，以确保分离方案的有效性。

结合上述步骤针对不同分离原理类型如何使用分离原理作出进一步说明，见表1-4。

表 1-4　使用分离原理解决物理矛盾的说明

序号	分离原理类型	解决矛盾的思路	导向关键词	常用发明原理
1	空间分离	当物理矛盾的两个相反需求处于工程系统的不同位置时，可以让工程系统不同位置具备特定特征。	在哪里需要……（正向需求），在哪里需要……（反向需求）。	1（分割）、2（抽取）、3（局部质量）、7（嵌套）、4（非对称）、17（空间维数变化）
2	时间分离	当物理矛盾的相反需求处于工程系统的不同时间段时，可以让工程系统在不同时间具备特定特征。	在什么时候需要……（正向需求），在另一时候需要……（反向需求）。	9（预先反作用）、10（预先作用）、11（预设防范）、15（动态性）、34（抛弃与修复）
3	关系分离	当物理矛盾的相反需求处于工程系统的不同对象时，可以让工程系统的不同对象具备特定特征。	对某某对象需要……（正向需求），对另一个对象要……（反向需求）。	3（局部质量）、17（维数变化）、19（周期性动作）、31（多孔材料）、32（变换颜色）、40（复合材料）
4	方向分离	当物理矛盾的相反需求处于工程系统的不同方向时，可以让工程系统的不同方向具备特定特征。	对哪个方向需要……（正向需求），对另一个方向要……（反向需求）。	4（不对称）、40（复合材料）、35 参数变化（物理/化学参数和状态）、14（曲面化）、17（维数变化）、32（变换颜色）、7（嵌套）
5	系统级别分离	针对系统中的某一参数需求，只在该系统的一个子系统或一个级别上实现，而其他子系统或级别则需要该参数的相反需求。	无	1（分割）、5（组合）、12（等势）、33（同质性）

此外，还可以通过满足矛盾需求（如开发同时具有两种相反特性的新材料、新技术）或绕过矛盾需求（如改变系统设计思路）等方法来解决物理矛盾，简述如下。

当矛盾的相反需求不能分离的时候，可以考虑同时满足矛盾的不同需求。采用这种方式的步骤较为简单：首先是明确关键问题，再描述物理矛盾，进而选择对应的发明原理，最后产生具体的解决方案。

这里常用到发明原理 13（反向作用）、36（相变）、37（热膨胀）、28（机械系统替代）、35〔参数变化（物理／化学参数和状态）〕、38（强氧化作用）和 39（惰性介质）。

绕过矛盾需求指对于矛盾的相反需求，如果不能采用分离原理和满足物理矛盾的方式解决问题，可以考虑绕过这个物理矛盾（并不是真正解决矛盾），考虑尝试改变工作原理的方法，比如通过改变问题的定义、目标或约束条件，从而避开矛盾。

这里常用到的发明原理有 6（多用性）、13（反向作用）以及 25（自服务）等。

在选择解决物理矛盾的方法时，我们要根据具体问题的性质、限制条件以及期望的解决效果综合判断，有时需要结合多种方法使其达到最佳解决效果。

如果问题中的矛盾可以通过改变条件（如时间、空间）来避免直接冲突，那么分离原理是一个有效的选择。当矛盾双方的需求都必须得到满足，且无法通过分离来避免冲突时，可以尝试寻找满足双方需求的新方法或技术。当矛盾无法解决或解决矛盾的成本过高时，再或解决矛盾的成本和收益不成比例时，绕过矛盾可能是一个更好的选择。

③技术矛盾和物理矛盾的转化。在 TRIZ 理论中，技术矛盾通常涉及一个系统内的两个或多个工程参数之间的冲突，即改善一个参数的性能往往会导致另一个参数的恶化；而物理矛盾则更为尖锐，它指的是对同一对象或了系统的同一工程参数提出了互斥的、合理的要求。

技术矛盾与物理矛盾之间往往存在一定的转化关系，实质上是将技术矛盾中涉及的多个工程参数之间的矛盾，聚焦到对同一对象或子系统的同一工程参数的互斥要求上。这种转化有助于更直接地揭示问题的本质，从而找到更有效的解决方案。具体来说，这个转化过程可能包括以下几个步骤。

第一，识别技术矛盾。

第二，聚焦关键参数。在技术矛盾中，要识别出那些对系统性能影响最为关键且存在相互冲突关系的工程参数。

第三，转化为物理矛盾。将上述关键参数的冲突转化为对同一对象或子系统的同一工程参数的互斥要求，这里常需要将问题重新表述，以突出矛盾双方在同一参数上的对立性。

第四，分析和解决物理矛盾。对转化后的物理矛盾进行深入分析，明确矛盾双方的具体需求和限制条件，根据物理矛盾的特点寻求解决物理矛盾的创新方案。

1.2.3 发明原理的解题流程

现代 TRIZ 理论解决问题的框架如图 1-2 所示，可以概括为问题识别、问题解决和概念验证三大步骤。问题识别是对实际工程进行 TRIZ 化、完成定义与转化问题的环节；问题解决是分析问题并寻找解决方案的环节；概念验证是实施与评估解决方案的环节。

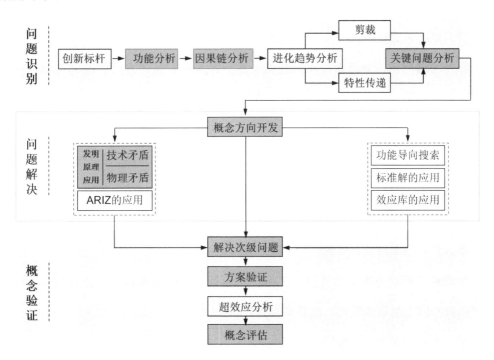

图 1-2　现代 TRIZ 理论解决问题的框架

在图 1-2 中，发明原理应用流程涉及的内容包括功能分析、因果链分析、关键问题分析、概念方向开发、技术（物理）矛盾应用、解决次级问题、方案验证和概念评估，具体说明如下。

第一步：明确问题。

根据创新标杆，明确问题的不足、现状、目标、限制条件和创新要求，对问题进行深入的描述、理解和分析。

第二步：转化问题。

将具体问题抽象成一般性问题（功能分析），即转化为 TRIZ 理论所能处理的形式。对技术系统进行组件分析、明确相互作为关系并构建功能模型，描述功能缺点并找出问题对应的功能模型。

第三步：关键缺点的转换。

从问题的初始缺点出发，基于功能模型进行因果链分析，发现关键缺点并转换为关键问题作为解决问题的突破点。

第四步：矛盾分析。

针对关键问题，分析系统中存在的矛盾，即系统中某一方面的改进可能会导致另一方面的恶化。找出矛盾的原因，并将矛盾分为技术矛盾或物理矛盾。

第五步：发明原理的应用。

根据矛盾确定的类型，分别对技术矛盾和物理矛盾进行求解。在具体选择原理时，需要结合问题的具体情况，考虑原理的适用性和可实施性。然后将选定的原理应用于问题解决方案的设计中，形成具体的解决方案。

第六步：方案评价与实施。

对形成的解决方案进行评价，包括技术可行性、经济成本、社会效益等方面。通过比较不同方案的优缺点，选择最优方案实施。

第七步：效果评估与反馈。

对方案的实施效果进行评估，同时收集用户反馈和意见，对解决方案进行进一步的优化和改进；通过持续的评估和反馈机制，不断提升问题解决的质量和效率。

值得注意的是，在第三步和第四步之间，部分教材和参考文献建议加入理想解分析和资源分析，其主要原因在于，在理想解分析阶段，可以不考虑现有技术和资源的限制，用与技术无关的语言描述问题的理想解，考虑理想情况下问题的解决方式，这有助于拓宽思维，激发创新灵感。而在资源分析中，确定可用于解决问题的物品、能源、信息、功能等资源，分析这些资源如何与系统中的某些部分结合，以改善系统的性能，有助于发现潜在的创新点，并为后续解决方案的设计提供基础。

1.2.4 发明原理解题参考案例

（本案例重在对 40 条发明原理解题的一般流程提供参考，选题为课题组指导大学生参加 TRIZ 创新大赛作品。）

案例名称：提高自动奶粉冲调机的出奶品质

选题背景：对于婴幼儿群体，奶粉的需求巨大。但奶粉冲泡烦琐，影响作业速度和口感，目前市面上奶粉冲调机不能满足需要。

结合上述解题流程，本案例解题步骤如下。

1. 明确问题

某传统奶粉冲调机如图 1-3 所示，其冲调程序为：使用前分别向储水箱和粉盒加入适量的水和奶粉。使用时，奶粉从粉仓经搅粉盘均匀搅拌，再定量由送粉盘下落至混合装置中；储水箱中水加热至相应温度，通过输水装置注入混合装置，依靠水流将奶粉溶解；最后将混合液注入外接奶瓶，完成冲奶。

图 1-3　传统奶粉冲调机示意图

（1）存在的问题

一是奶粉黏附在送粉盘出粉口，积粉过多造成出粉量不精确；

二是奶粉与水混合不均匀，容易结块儿，需人工摇匀。

（2）问题描述

①针对出粉不精确的问题，目前的解决方案是奶粉盒里增加电动刮板，或增加小刷子以减少残留，但是出粉口仍会黏粉造成出粉量不精确。

②针对奶粉搅拌不充分、易出现结块的问题，目前的解决方案是使用高压水泵，但是水压受限，混合不够均匀。

（3）新系统提出的要求

①粉仓容量 ≥ 300 g；水箱容量 ≥ 1.4 L；最大冲奶量 >210 mL；出水温度为 40 ～ 70 ℃。

②出粉精确，误差 <10%。

③水粉均匀混合，无结块现象。

2. 转化问题

（1）功能分析

①组件分析

系统的作用对象：奶粉。

系统组件：粉仓、仓盖、送粉转盘、定子、搅粉转盘、电机、混仓上盖、混仓下盖、储水箱、加热装置、输水装置。

超系统组件：奶粉、水。

②组件作用关系分析（见表 1-5）

表 1-5　传统奶粉冲调机组件作用关系

组件	粉仓	仓盖	送粉转盘	定子	搅粉转盘	电机	混仓上盖	混仓下盖	储水箱	加热装置	输水装置	奶粉	水
粉仓		+	—	+	—	—	—	—	—	—	—	—	—
仓盖	+		—	—	—	—	—	—	—	—	—	+	—
送粉转盘	—	—		—	+	+	—	—	—	—	—	+	—
定子	+	—	—		—	—	—	—	—	—	—	—	—
搅粉转盘	—	—	+	—		+	—	—	—	—	—	+	—
电机	—	—	+	—	+		—	—	—	—	—	—	—
混仓上盖	—	—	—	—	—	—		+	—	—	—	+	—
混仓下盖	—	—	—	—	—	—	+		—	—	—	+	+
储水箱	—	—	—	—	—	—	—	—		—	—	—	+
加热装置	—	—	—	—	—	—	—	—	—		—	—	+
输水装置	—	—	—	—	—	—	—	—	—	—		—	+
奶粉	—	+	+	—	+	—	+	+	—	—	—		+
水	—	—	—	—	—	—	—	+	+	+	+	+	

③构建功能模型（见图 1-4）

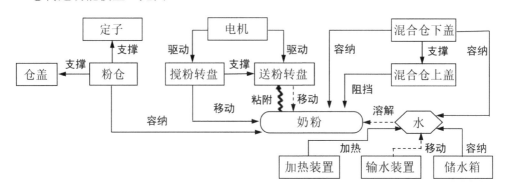

图 1-4　传统奶粉冲调机功能模型

④ 功能缺点描述

在建立的功能模型图中选择目标问题，一是送粉盘黏附奶粉；二是送粉盘定量移动奶粉能力不足；三是水对奶粉溶解不足；四是输水装置移动水形成压力不足。

问题对应的功能模型如图 1-5 所示。

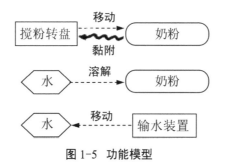

图 1-5　功能模型

3. 因果键分析（关键缺点的转换）

基于功能模型，对初始问题进行因果链分析，如图 1-6 所示。从中选择关键缺陷并用虚线框出，可以看到，因果链中包括了上述 ④ 中描述的所有功能缺点。

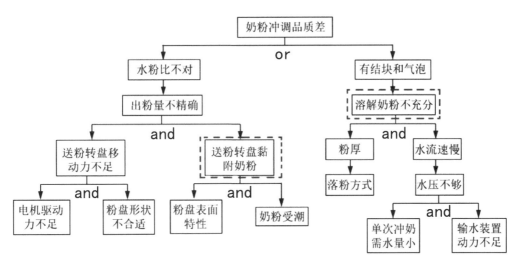

图 1-6　传统奶粉冲调机初始问题因果链分析

把关键缺点转换为关键问题，如表 1-6 所示。

表 1-6　关键问题的转化

编号	关键缺点	关键问题
1	送粉盘黏附奶粉	如何消除送粉盘黏附奶粉，达到精确出粉？
2	水粉接触不充分	如何使水与粉充分接触？

作为例子，这里选择关键问题 2 作进一步求解。

4. 矛盾分析和发明原理的应用

（1）技术矛盾

为了使水与粉充分接触，我们需要令下落到混合仓的奶粉速度变慢，但这样做会导致冲奶时间变长、效率降低。

转换成 TRIZ 标准矛盾：改善的参数为 15（运动物体的作用时间），恶化的参数为 25（时间损失）。

据此查找矛盾矩阵，提到发明原理为 20（有效持续作用）、10（预先作用）、28（机械系统替代）、18（振动）。从中选用 18（振动）这个原理，可获得一个解决方案。

方案 1：粉仓增加振动筛，使奶粉分散为颗粒下落至混合仓。

（2）物理矛盾

将技术矛盾向物理矛盾转化，聚焦关键参数是奶粉的下落速度。因此，物理矛盾可表述为：为了"水与粉充分接触"，需要参数"落粉速度""慢"；为了"提高冲奶效率"，需要参数"落粉速度""快"。即"速度"参数既要"快"又要"慢"。

这里采用分离原理解决问题。根据上述物理矛盾的描述，显然符合"关系分离"的应用范畴，相应的常的原理为：3（局部质量）、17（空间维数变化）、19（周期性动作）、31（多孔材料）、32（变换颜色）、40（复合材料）。从中选用 19（周期性动作）原理，可获得一个新的解决方案。

方案 2：将粉仓的出粉修改为脉冲型（不连续）出粉的方式。

对于上述方案思路，结合应用实际，可继续细化得到相对完备的设计结果。

第 2 章　基于空间属性的发明原理详解及应用案例分析

2.1 分割原理

2.1.1 原理介绍

1. 原理概念

分割原理，指的是将物体分割成几个独立的部分，或者将物体分割成容易组装和拆卸的部分。

分割原理彰显了技术系统动态化进化法则，能够增强系统的柔性、移动性与可控性。其优势表现为：其一，减小系统的规模与粒度，提升系统的可解析性，令系统求解更为便捷，同时让子系统的职责更明确；其二，增添系统的灵活性、弹性以及可维护性。

在实际生活中，分割原理可应用到各种场景。比如，当现存的系统功能宽泛，需要增添功能或明确职责时；系统过于笨重或体积过大，不利于移动或运输时；系统较为繁杂，整体上难以制造时；系统规模过大，不便于使用和维护时等，均可考虑运用分割原理来化解难题。

2. 具体指导细则

（1）把一个物体分成相互独立的几个部分。

（2）把一个物体分成容易组装和拆卸的部分（见图 2-1）。

（3）增加物体被分割的程度。

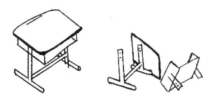

图 2-1　将课桌分成容易组装和拆卸的支撑部分和桌面部分

3. 分割原理的应用

分割原理在多个领域中有着广泛的应用。在产品设计方面，可以把复杂的产品进行结构分割，使其更便于制造、运输和维修。比如，将大型导弹武器系统分割成导弹发射车、雷达车、电源车等多个相对独立的模块，这样做既方便了快速机动和部署，又降低了整个系统被一次性摧毁的风险。在功能划分方面，将一个整体的功能系统分割成多个相对独立的子系统，以便更好地进行管理和优化。比如，为了顾及不同人对辣度的需求，把锅设计成"鸳鸯锅"，这是物体分成相互独立的部分的直接体现。在流程上，可以把一个复杂的流程分割成多个阶段或步骤，提高效率和可控性。在空间上，可以把一个较大的空间分割成多个区域，以满足不同的功能需求和使用要求。总之，分割原理是解决问题的一种最简单朴素的方法，应用非常广泛。

2.1.2 分割原理解决问题的具体操作步骤及注意事项

1. 分割原理解决问题的具体步骤

步骤一，问题识别。

明确定义待解决的问题是什么，这可能涉及产品的功能、性能或生产过程中的某个特定环节。

步骤二，分析整体与部分。

将整个系统或物体分解成多个部分，分析每一部分的作用、优势和局限性。

步骤三，空间分离。

考虑是否可以将目标物体或属性在空间上分开，以减少干扰或优化布局。

步骤四，时间分离。

如果问题涉及不同时间的冲突，考虑是否可以在不同时间处理这些冲突，以简化问题。

步骤五，条件分离。

根据不同的使用条件或环境，将功能或部件分离出来，以便在特定条件下实现最优效果。

步骤六，功能分割。

提高系统的可分性，将复杂系统分解为独立的子系统，每个子系统承担不同的功能。

步骤七，评估与验证。

对分割后的各部分进行评估，确保它们能够有效地独立工作，并验证分割是否确实解决了原始问题。

步骤八，优化与迭代。

根据评估结果对解决方案进行优化，并在必要时进行迭代改进。

总的来说，通过以上步骤，可以系统地应用分割原理来解决问题，并创造出新的产品或工艺设计。这一过程不仅有助于提升产品的性能和功能，还能够增强系统的灵活性和可维护性。

2. 注意事项

在使用分割原理时，需要注意到分割可能带来的副作用，如增加复杂性、失去原有功能或需要进行更多的验证工作。

2.1.3 案例分析

1. 案例

解决某快餐连锁店面临着顾客在高峰时段等待时间过长的问题。

2. 分析求解

步骤一，问题识别。

顾客对于等候制作食品的时间有明确的要求，同样也希望就餐环境保持清洁和整洁。

步骤二，分析整体与部分。

对整个快餐制作和供应流程进行分析，包括点餐、食品准备、烹饪、装盘和送餐等环节。

步骤三，空间分离。

考虑到可以将点餐区域和烹饪区域在空间上分开，让顾客在专门的点餐区下单，而不是在拥挤的厨房门口等待。

步骤四，时间分离。

引入预定系统，允许顾客提前下单，这样厨房可以提前开始准备食物，减少顾客等待时间。

步骤五，条件分离。

根据顾客的需求将菜单分为"快速"和"现做"两种选项。快速选项的食物是预先准备好的，而现做则是新鲜制作的，但需要更多时间。

步骤六，功能分割。

快餐店被分为几个独立的工作区，每个工作区负责不同的任务：接单区、准备区、烹饪区和装盘区。员工各司其职，提高工作效率。

步骤七，评估与验证。

试行新流程一段时间后，收集顾客反馈和员工意见来评估效果。关注顾客满意度、等待时间和食品质量这几个关键指标。

步骤八，优化与迭代。

根据反馈调整工作流程，比如重新设计点餐流程，或者调整厨房布局以进一步缩短制作时间（见图 2-2）。

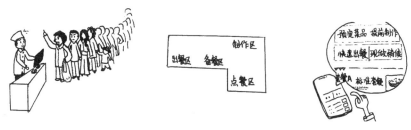

图 2-2　快餐连锁店顾客候餐时长问题分割解决

通过以上步骤，该快餐连锁店成功缩短了顾客的等待时间，并提高了顾客的整体满意度。分割原理在这个案例中得到了有效的应用，不仅优化了工作流程，还改善了顾客体验。

2.1.4 思考题

以下是依据分割原理提供的三个思考题，每个思考题都将从背景、分析和提示三个角度展开。

思考题 1：家庭健身器材

背景：设计一款新型的家庭健身器材，以便用户能够在家中进行全面的身体锻炼。

分析：如何使家庭健身器材能够同时满足多种锻炼需求，同时保持其便携性且易于收纳？

提示：利用分割原理的第一个指导细则，将健身器材设计成多个相互独立但又能组合在一起的部分。例如，可以将器材设计为包含多个可拆卸的组件，每个组件针对不同的身体部位进行锻炼。当用户需要锻炼某个部位时，可以只取出相应组件进行使用，锻炼完成后则可将该组件拆卸并收纳起来，以节省空间。

思考题 2：笔记本电脑

背景：你是一名工程师，需要设计一个易于维护和升级的笔记本电脑。

分析：考虑如何根据分割原理来设计这台设备，以便于将来可以轻松地更换或升级内部组件，如内存、硬盘或电池。

提示：利用分割原理的第二个指导细则，将笔记本电脑设计成容易组装和拆卸的部分。例如，可以将主要组件（如主板、屏幕、键盘等）设计成模块化结构，使其能够通过简单的螺丝固定或插拔方式进行安装和拆卸。这样，当用户需要维修或升级某个组件时，就可以轻松地将其拆下并替换，而无须将整个笔记本电脑拆开。

思考题 3：社区规划

背景：你是一名城市规划师，面对一个老旧小区的改造项目，需要考虑到居民的生活便利性和社区的整体美观。

分析：利用分割原理来规划小区的改造，包括如何划分不同的功能区域以及如何安排绿化和公共设施，使得改造后的小区既方便居民生活又具有吸引力。

提示：考虑如何将小区分割成不同的模块或区域，比如生活区、休闲区、绿化区等，并思考这些区域之间的合理布局和连接方式，以及如何通过分割和重组来提升小区的整体功能性和美观度。

2.2 局部质量原理

2.2.1 原理介绍

1. 原理概念

局部质量原理，指的是在设计中将物体或外部环境（动作）的同类结构转换成异类结构，使物体的不同部分实现不同的功能，同时让物体的每个部分处于最有利于其运行的条件。简言之就是将物体的特性从均匀分布变为不均匀分布，让物体的不同部分具有不同的功能或特性。

局部质量原理是技术系统不均衡进化法则的体现，目的是使系统资源达到最优配置。通常情况下，如果系统各部分的作用是均匀的，可能存在多种情况。例如，某些元件之间的作用可能有重复；某些元件的作用可能被其他元件替代；有些元件的作用可能没有得到充分发挥。

局部质量原理通过优化物体的局部结构和功能，提升整体性能，实现更高效、更可靠、更经济的解决方案，在团队组织、生产制造等方面都有广泛应用。

2. 具体指导细则

（1）将物体或外部环境的同类结构转换成异类结构。

（2）使物体的不同部分实现不同的功能（见图2-3）。

图2-3 将勺子分为漏勺和盛勺两部分

（3）使物体的每一部分都处于最有利于其运行的条件下。

3. 局部质量原理的应用

局部质量原理在众多行业领域中有着广泛的应用。在制造业中，这一原理指导设计师对产品的特定部分进行精细化设计，以满足用户的特定需求。比如，在医疗器械的设计中，通过应用局部质量原理，可以针对手术器械的不同部位进行专门优化，如提高刀片的切割效率或增强握把的舒适度，从而提升整体使用效果。

在服务业中，局部质量原理同样发挥着重要作用。例如，在餐饮行业，餐厅可能会对特色菜品进行特别突出的设计和宣传，以吸引顾客。通过对局部菜品的创新和提升，餐厅能够增加自身的市场竞争力，实现经营效益的最大化。这些应用都体现了局部质量原理在提升系统或产品局部性能方面的价值，进而带动整体性能的提升。

局部质量原理的应用有助于提高产品的性能和效率，同时也能促进创新和技术的发展。在实际应用中，这一原理可以帮助设计者更好地理解系统的需求，并针对性地进行改进和优化。

2.2.2 局部质量原理解决问题的具体操作步骤及注意事项

1. 局部质量原理解决问题的具体步骤

步骤一，问题识别。

明确技术问题的范围和核心。这包括了解问题的背景、出现问题的相邻环节以及问题的具体表现。

步骤二，分析技术问题的组成部分。

将技术问题分解为更小的组成部分或元素。这有助于设计者更深入地理解问题，并识别出可能的解决路径。

步骤三，应用局部质量原理。

检查问题的组成部分，看是否可以将某些同类结构或功能转换为异类结构或功能，以提高效率、降低复杂性或增强特定功能。首先，使不同部分实现不同功能。确定问题的不同部分是否可以实现不同的功能，从而提高整体系统的灵活性和效率。其次，使每一部分处于最佳运行条件。考虑如何优化每个部分的运行环境或条件，以确保它们能够在最佳状态下运行。

步骤四，提出解决方案。

基于局部质量原理的应用，提出一个或多个具体的解决方案。这些解决方案应该能够解决技术问题，并且在实际应用中具有可行性。

步骤五，验证和测试解决方案。

通过模拟、实验或其他方法验证和测试你的解决方案。这有助于确保解决方案的有效性和可靠性，并识别出任何潜在的问题或改进点。

步骤六，实施和优化解决方案。

将解决方案实施到实际问题中，并持续监控其性能和效果。根据反馈和数据分析，对解决方案进行优化和调整，以确保其能够持续满足需求。

步骤七，总结和反思。

对整个解决过程进行总结和反思，识别出成功和失败的原因，并提炼出有价值的经验教训。这些经验教训可以用于未来的技术问题解决过程中。

2. 注意事项

使用局部质量原理解决技术问题是一个迭代和优化的过程，需要不断地尝试、验证和调整。通过遵循上述步骤，可以更有效地利用局部质量原理来解决各种技术问题。

2.2.3 案例分析

1. 案例

优化电动自行车的电池管理系统。

2. 分析求解

步骤一，识别并明确技术问题的范围。

问题范围：当前电动自行车的电池管理系统在电池温度控制和能量分配上存在不足，导致电池性能下降、寿命缩短以及安全隐患。

问题核心：需要设计一个更为智能的电池管理系统，以提高电池的使用效率、安全性和寿命。

步骤二，分析技术问题的组成部分。

电池温度控制：电池在高温或低温环境下性能会受到影响，需要有效的温度调节机制。

能量分配：电池在不同骑行模式下对能量的需求不同，需要智能的能量分配策略。

安全保护：防止电池过充、过放、过热等安全问题。

步骤三，应用局部质量原理。

同类结构转换成异类结构：传统的电池管理系统通常采用统一的温度控制策略，可以考虑将电池组分为多个独立控制的区域，每个区域根据自身的温度情况进行调节。将单一的能量分配策略转换为多种策略，以适应不同骑行模式下的能量需求。

使不同部分实现不同功能：设计独立的温度控制模块，分别控制电池组的不同区域。设计智能的能量管理模块，根据骑行模式和电池状态智能分配能量。

使每一部分处于最佳运行条件：为电池组的不同区域设置最佳的温度范围，并通过温度控制模块进行精确调节。根据电池的状态和骑行模式，智能管理模块自动调整能量分配策略，确保电池在最佳状态下运行。

步骤四，提出解决方案。

智能温度控制系统：采用多区域温度控制策略，通过温度传感器实时监测电池组各区域的温度，并自动调节风扇、加热器等设备以保持最佳温度范围。

智能能量管理系统：根据骑行模式和电池状态，智能分配能量。例如，在爬坡时增加能量输出，在平坦路面时降低能量输出。

安全保护机制：集成过充、过放、过热等安全保护功能，确保电池的安全使用。

步骤五，验证和测试解决方案。

在实验室环境中搭建测试平台，对智能温度控制系统和智能能量管理系统进行功能验证和性能测试。通过模拟不同骑行模式和电池状态，测试解决方案的有效性和可靠性。根据测试结果对解决方案进行必要的调整和优化。

步骤六，实施和优化解决方案。

将解决方案集成到电动自行车中，并进行实际骑行测试。收集用户反馈和骑行数据，对解决方案进行持续优化和改进。

步骤七，总结和反思。

总结解决方案的开发过程和实施效果，提炼出成功的经验和教训。分析解决方案在实际应用中存在的问题和不足，并提出改进方向。将本次解决问题的经验和教训应用于未来类似问题的解决过程中，提高问题解决能力和效率（见图2-4）。

图 2-4　优化电动自行车的电池管理系统

2.2.4 思考题

以下是依据局部质量原理提供的三个思考题，每个思考题都将从背景、分析和提示三个角度展开。

思考题 1：多功能笔

背景：你是一家文具设计公司的设计师，公司最近接到一个任务，要设计一款新型的多功能笔。目前市场上的多功能笔大多只是在普通笔的基础上增加了一些小工具，如小刀、U 盘等，但客户希望这款笔在设计上能有所突破，不仅仅是功能的简单叠加。

分析：考虑将笔的不同部分设计成不同的结构，以实现多种功能。需要思考如何巧妙地将这些不同的结构融合在一起，同时保持笔的美观和实用性。

提示：可以尝试将笔杆的一部分设计成可旋转或可伸缩的结构，以隐藏或展现额外的功能。也可以考虑使用不同的材料或颜色来区分笔的不同功能部分，使其既实用又具有视觉上的层次感。

思考题 2：多功能家具

背景：你是一名家居设计师，正在设计一款新型的多功能家具。这款家具需要满足现代都市人对于空间利用的高效需求，即一件家具要能实现多种功能，如坐、卧、储物等。

分析：需要考虑如何在家具的不同部位实现不同的功能。要确保每个部位都能充分发挥其功能，同时不影响其他功能的正常使用。

提示：可以设计一款可变形的家具，如沙发床，既能作为沙发使用，又能展开成为床铺。也可以在家具的下方或侧面增加储物空间，以实现储物功能。

思考题 3：工业机器人

背景：你是一名机械工程师，正在设计一款新型的工业机器人。这款机器人需要在恶劣的工作环境中长时间稳定运行，完成各种复杂的操作任务。

分析：需要确保机器人的每一个部件都能在其最佳的工作条件下运行。要考虑如何对机器人进行散热、防尘、防水等保护措施，以确保其稳定运行。

提示：可以对机器人的关键部件进行特殊设计，如使用高性能材料、增加散热装置等。也可以考虑在机器人的外部增加保护层或防护罩，以防止灰尘和水分进入机器内部。同时，定期维护和保养也是确保机器人长期稳定运行的关键。

2.3 不对称原理

2.3.1 原理介绍

1. 原理概念

不对称原理，指的是将对称形式转换成为非对称形式或加强其不对称的程度。

在产品设计中，非对称原理可以帮助减轻重量、提高性能、优化功能、改善视觉效果、增强适应性和稳定性或优化空间布局。例如，在航空航天领域，通过采用非对称的翼型和机身结构设计，可以有效减轻飞行器的重量，并提高飞行性能。非对称设计还可以优化空间利用率，如建筑设计中的非对称布局可以创造出更具个性和特色的建筑作品。从更广泛的应用角度来看，非对称原理在工业生产中有助于优化生产流程、降低成本、提高产品质量。总而言之，非对称原理作为 TRIZ 中的一项重要原理，不仅在传统工程设计中具有广泛应用，还逐渐渗透到工业生产、交通运输和医学等领域。

2. 具体指导细则

（1）将对称物体变为不对称的（见图 2-5）。

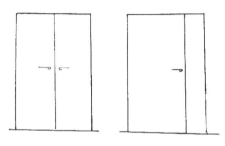

图 2-5 更实用的入户门

（2）增加不对称物体的不对称度。

（3）将对物体功能需求的不对称事物引入到一起。

3. 不对称原理的应用

在 TRIZ 理论中，不对称原理作为 40 个发明原理之一，具有广泛的应用领域。该原理强调在解决问题时，应打破传统的对称性思维模式，采用非对称的形式以提升系统性能或优化设计方案。

在航空航天领域，不对称原理的应用尤为显著。例如，在飞行器设计中，非对称的翼型和机身结构可以有效减轻重量，提高飞行性能。这种设计使得飞行器在保持稳定性的同时，能够更高效地应对复杂的气流环境，从而提升整体性能。此外，在建筑设计、室内装饰和产品设计等领域，不对称原理也被广泛应用。非对称的布局和形状不仅打破了传统的对称美学观念，还增加了视觉吸引力，提升了产品的独特性和市场竞争力。

综上所述，不对称原理在多个行业领域都具有重要的应用价值，它通过打破传统思维模式的束缚，为创新设计提供了全新的思路和方法。

2.3.2 不对称原理解决问题的具体操作步骤及注意事项

1. 不对称原理解决问题的具体步骤

步骤一，问题识别。

全面、深入地了解待解决的问题，明确问题的性质、目标以及所涉及的对象和环境。例如，如果是产品设计问题，要确定产品的功能需求、使用场景和现有设计的缺陷。

步骤二，寻找不对称的可能性。

思考问题中存在哪些可以引入不对称的方面。这可能包括物体的形状、结构、材料、功能分布、操作方式等。比如，在机械部件设计中，考虑部件的受力分布不均匀，能否通过不对称的形状来优化受力。

步骤三，设计不对称方案。

基于前面的分析，构思并设计具体的不对称解决方案。这需要充分发挥创造力，提出多种可能的方案，并进行评估和筛选。例如，对于一个需要平衡稳定性和灵活性的机器人关节，设计成一侧较粗以提供稳定性，另一侧较细以增加灵活性。

步骤四，实施和测试。

将设计好的不对称方案进行实际的实施和制作，并进行严格的测试和验证。观察方案在实际应用中的效果，是否达到了预期的目标。

步骤五，优化和改进。

根据测试结果，对方案进行必要的优化和改进。如果方案没有完全解决问题或者产生了新的问题，需要重新回到前面的步骤进行调整。

2. 注意事项

（1）避免过度不对称导致新的问题。不对称的设计要适度，过度的不对称可能会引发新的不平衡、不稳定或其他未预料到的问题。

（2）考虑用户体验和接受度。如果是面向用户的产品或服务，不对称的设计要考虑用户的使用习惯和心理接受程度，确保不会给用户带来困扰或反感。

（3）成本和制造难度。不对称的设计可能会增加制造的复杂性和成本，需要在设计时进行权衡。

（4）系统兼容性。在复杂的系统中应用不对称原理时，要确保新的不对称设计与系统的其他部分能够良好兼容和协同工作。

（5）长期可靠性。评估不对称设计在长期使用中的可靠性和耐久性，避免因不对称导致的过早磨损或失效。

（6）保持系统的整体性。在打破某些对称性的同时，要确保整个系统仍然能够协调工作，避免因局部优化而影响整体性能。

（7）考虑可能的副作用。应用不对称原理时，可能会产生一些未预见的副作用。例如，在产品设计中，过度的非对称可能会影响用户体验。因此，需要在设计初期就进行全面的风险评估和预案制定。

（8）持续监测和调整。实施不对称设计后，应定期监测其效果，并根据反馈及时调整。创新往往需要多次迭代才能达到最佳状态。

2.3.3 案例分析

1. 案例

在一些偏远地区或临时工地，需要使用简易的照明设备，但这些地方往往电力供应不稳定，普通的手电筒或电灯可能无法满足需求，试用不对称原理解决。

2. 分析求解

步骤一，问题识别。

现有的照明设备通常是对称设计的，电池电量耗尽时无法及时察觉，可能会突然熄灭，给使用者带来不便。

步骤二，寻找不对称的可能性。

考虑到照明设备在使用过程中，电量的消耗是一个关键因素。可以利用不对称原理，改变设备的结构或功能，使其能够在电量即将耗尽时给出明显的提示。

步骤三，设计不对称方案。

将照明设备的灯泡部分设计成非对称的形状。例如，灯泡的一侧较重，而另一侧较轻。在电量充足时，由于电池的重量分布均匀，灯泡能够保持水平状态，正常发光；当电量逐渐减少，电池的重量无法完全平衡灯泡时，较重的一侧会因重力作用而下沉（见图 2-6）。

图 2-6 应用不对称原理的照明设备

步骤四，实施和测试。

制作出具有非对称灯泡设计的照明设备原型，并进行实际测试。在不同电量水平下观察灯泡的状态，确保当电量即将耗尽时，灯泡能够明显地倾斜或改变发光角度，从而提醒使用者及时充电或更换电池。

步骤五，优化和改进。

根据测试结果，可能需要对灯泡的非对称程度、重量分布等进行微调，以达到最佳的提示效果。同时，还需考虑设备的整体稳定性、耐用性和成本等因素。

通过以上流程，利用不对称原理成功解决了照明设备电量耗尽提示的问题，提高了其在特定场景下的实用性和便利性。这种不对称的设计可以让使用者直观地了解设备的电量情况，避免在关键时刻因照明突然中断而造成困扰。在这个案例中，不对称原理体现在灯泡的非对称形状设计上，通过重力的作用实现了电量提示的功能。物体的不对称包括形态的不对称、质量的不对称等，此案例主要是利用了质量的不对称。

2.3.4 思考题

以下是依据不对称原理提供的三个思考题，每个思考题都将从背景、分析和提示三个角度展开。

思考题 1：手机设计

背景：在智能手机市场竞争激烈的当下，产品同质化严重，用户对于手机的外观和功能有了更高的个性化需求。

分析：思考如何运用不对称原理打破传统对称式手机的设计，在外观和功能布局上创新，以吸引更多消费者。比如，摄像头模块的不对称排列、按键位置的独特设计等。分析不对称设计对用户操作习惯、审美偏好的影响，以及在制造工艺和成本方面的挑战。

提示：研究不同用户群体对于不对称手机外观的接受程度，关注行业内类似创新设计的成功案例，同时考虑如何通过软件交互来适配不对称的硬件设计。

思考题 2：快递包裹包装设计

背景：随着电商行业的发展，快递包裹的包装材料浪费严重，且传统对称式的包装设计在保护商品和空间利用上存在改进空间。

分析：运用不对称原理设计快递包装，根据商品的形状和易碎程度填充非对称的缓冲材料，以减少包装材料的使用量，同时提高保护效果。分析这种不对称包装在生产流程、存储和运输中的可行性和潜在问题。

提示：对不同类型商品的尺寸和形状进行统计分析，开展模拟实验来验证不对称包装的保护性能，关注环保材料在不对称设计中的应用。

思考题 3：公园规划

背景：在城市公园的规划中，为了满足多样化的休闲需求，传统的对称式布局可能无法充分利用空间并拥有独特的景观体验。

分析：利用不对称原理规划公园的道路、景观节点和设施分布。思考如何通过不对称设计营造出更具趣味性和自然感的空间，同时避免造成混乱和不协调。

提示：研究公园所在地的地形地貌、周边环境和人流量分布，借鉴国内外优秀的不对称公园设计案例，注重与周边建筑和城市功能的融合。

2.4 嵌套原理

2.4.1 原理介绍

1. 原理概念

嵌套原理，是指把一个物体嵌入另外一个物体，然后将这两个物体再嵌入第三个物体，以此类推。其目的是在不影响原有功能的情况下，实现有益效果。例如，减少系统的体积和重量，从而增加便携性，像伸缩式钓鱼竿等就运用了这一原理。

在考虑嵌套时，可以尝试从不同的角度进行，如水平、垂直、旋转和包容等，看是否能节省空间或者减轻重量。但需注意的是，运用该原理时可能会在一定程度上削弱嵌套物体的功能，应尽量避免这种影响。如收音机的伸缩天线，天线可以收缩嵌套在收音机内部，使用时再拉伸出来，既方便携带又不影响天线的信号接收功能。

2. 具体指导细则

（1）把一个物体嵌入另一个物体，然后将这两个物体再嵌入第三个物体，以此类推。

（2）让某物体穿过另一物体的空腔（见图 2-7）。

图 2-7　基于嵌套原理的坐凳收纳

3. 嵌套原理的应用

在多个行业领域中，嵌套原理都有广泛应用。例如在家具设计中，嵌套式桌椅较为常见。平时可以将椅子嵌套进桌子里，减少占地面积，需要使用时再拿出来，这既充分利用了空间，又方便收纳和搬运。

在机械制造领域，液压千斤顶通过嵌套不同直径的杆件，实现了在不使用时缩短长度、方便存放，使用时伸长以满足工作需求的功能。在电子产品方面，笔记本电脑的电源线通常会设计成可嵌套缠绕的形式，避免了线缆杂乱，节省了空间。在城市规划中，嵌套原理也有用武之地。比如一些路灯内部嵌套了监控摄像头，在不额外占用空间的情况下，实现了照明和监控的双重功能。在建筑领域，嵌套式窗户外层窗户和内层窗户相互嵌套，既能增强保温隔热效果，又不占用太多的空间。

这些应用都是将一个物体巧妙地嵌套进另一个物体中，在不影响原有功能的基础上，实现了节省空间、便于携带或增加功能等目的，体现了嵌套原理的实际价值。

2.4.2 嵌套原理解决问题的具体操作步骤及注意事项

1. 嵌套原理解决问题的具体步骤

步骤一，问题识别。

清晰地识别问题，明确需要解决的具体需求和目标。

步骤二，分析现有结构或系统。

对现有的结构、系统或产品进行详细分析，了解其组成部分、功能及相互关系。

步骤三，识别嵌套机会。

识别出哪些部分或功能可以通过嵌套的方式进行优化或改进。这通常涉及寻找功能相似、空间利用不充分或可以相互协作的部分。

步骤四，设计嵌套方案。

根据分析结果，设计嵌套方案。这包括确定嵌套的结构、层次、接口以及相互之间的作用关系。在设计过程中，需要考虑嵌套后的功能实现、性能提升、空间优化等因素。

步骤五，实施嵌套方案。

按照设计好的嵌套方案进行实施。这可能涉及对现有结构或系统的修改、新部件的制造或安装等。

步骤六，测试与验证。

对实施后的嵌套结构或系统进行测试和验证，确保其满足预期的功能和性能要求。如果发现问题或不足，需要及时进行调整和优化。

步骤七，总结与反馈。

对整个嵌套原理应用过程进行总结，提炼出经验和教训。将结果反馈给相关人员或团队，以便在未来的工作中进行参考和改进。

2. 注意事项

（1）兼容性与协调性。嵌套的各个部分要相互兼容，功能和性能协调一致，避免出现冲突或不协调的情况。

（2）可维护性与可扩展性。设计的嵌套结构应便于后期的维护和修改，同时考虑未来可能的扩展需求。

（3）空间和资源利用。确保嵌套不会过度占用空间或消耗过多的资源，实现高效利用。

（4）复杂度控制。避免过度复杂的嵌套导致理解和操作的困难，保持一定的简洁性。

（5）可靠性。保证嵌套结构的稳定性和可靠性，不会因为某个部分的故障而影响整体性能。

（6）成本考虑。在选择嵌套方式和材料时，要充分考虑成本因素，实现性价比的最优化。

2.4.3 案例分析

1. 案例

设计一款可折叠的便携式多功能工具，要求在不使用时能够尽可能节省空间，方便携带。

2. 分析求解

步骤一，识别问题。

目标是设计一款既具有多种工具功能，又能在不使用时节省空间、便于携带的工具。因此，需要找到一种方法，将各种工具嵌套组合在一起。

步骤二，寻找嵌套机会。

考虑工具的形状和使用方式，发现可以采用类似瑞士军刀的设计理念。例如，将小刀、剪刀、螺丝刀等工具的手柄部分设计成可相互嵌套的形状。

步骤三，设计嵌套方案。

设计一个主框架，主框架具有多个插槽或轨道。各种工具的手柄部分制作成能够插入插槽或沿着轨道滑动的形状，并且在完全插入后能够紧密嵌套，不占用额外空间。对于一些较长的工具，如螺丝刀，可以采用可伸缩的嵌套方式，使其在收缩状态下能够完全嵌入主框架（见图 2-8）。

为了确保工具在使用时能够稳定固定，设计相应的锁定机制。

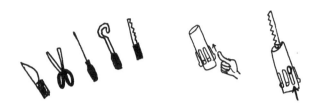

图 2-8　基于嵌套原理的多功能工具

步骤四，实施嵌套。

按照设计方案制造主框架和各个工具的部件。确保插槽、轨道和工具手柄的尺寸精度，以实现顺畅的嵌套和固定。

步骤五，测试与验证。

对制作出的原型进行测试，检查工具的嵌套是否方便、紧密，锁定机制是否可靠。操作各种工具，确保在使用过程中不会出现松动或不稳定的情况。

步骤六，优化与改进。

根据测试结果，对设计进行优化和改进。例如，调整插槽的紧密度、改进锁定机制的操作便利性等。

通过以上流程，成功设计出了一款可折叠的便携式多功能工具。在不使用时，各种工具能够整齐地嵌套在主框架内，大大节省了空间，方便携带；使用时，将需要的工具抽出并锁定，即可正常操作。这样既满足了多功能的需求，又达到了便于携带的目的。

在这个案例中，嵌套原理的应用体现在将各种工具通过特定的设计嵌套在主框架中，充分利用了空间，减少了整体的体积，同时也不影响各个工具的正常使用。需要注意的是，在设计过程中要尽量避免嵌套对工具功能的削弱，确保工具的实用性和可靠性。

2.4.4 思考题

以下是依据嵌套原理提供的三个思考题，每个思考题都将从背景、分析和提示三个角度展开。

思考题 1：可调节高度的落地灯

背景：在一个空间有限的房间里，需要一款能够根据不同使用场景灵活调整高度的落地灯，以满足阅读、工作或营造氛围等多种需求。

分析：传统的落地灯高度固定，无法满足使用者在不同情况下对照明高度的要求。运用嵌套原理，可以考虑将灯杆设计成可伸缩的结构，类似于拉杆天线的形式。

提示：可以使用多节嵌套的金属管，通过紧固装置来固定每一节的伸出长度，实现灯的高度调节。在设计时，需要注意各节金属管之间的连接紧密性，以确保灯杆的稳定性；同时，紧固装置要操作方便，能够便捷的调节灯杆高度。

思考题 2：多功能文具盒

背景：学生们需要携带多种文具，如笔、橡皮、尺子等，如何使文具盒功能更加丰富？

分析：普通文具盒通常只是一个简单的容器。利用嵌套原理，可以将不同的文具巧妙地嵌套组合在文具盒内。

提示：将盒盖设计成带有格子的形状，可以嵌入橡皮等小物件；在文具盒内部设置可伸缩的夹层或嵌套的小盒子，用于放置不同类型的笔；在文具盒的侧面或底部设计一些可旋转或拉出的部件，用来存放尺子等较长的文具。要注意各嵌套部分的尺寸匹配，以及使用时的便捷性，避免过于复杂的操作。

思考题 3：便携式自行车

背景：对于需要经常携带自行车出行的人来说，普通自行车体积较大，不便于携带。

分析：为了减小自行车在携带时的体积，可以运用嵌套原理对其结构进行改进。

提示：折叠自行车就是一种常见的应用嵌套原理的例子。但可以进一步思考，比如将车轮设计成可嵌套的形式，通过特殊的结构使车轮在折叠时能够相互嵌套，从而进一步减小体积；或者采用可拆卸的嵌套部件，骑行时快速组装，骑行结束拆卸并嵌套存放。在设计时，要考虑自行车的安全性和稳定性，以及折叠和组装的简便性。同时，也要注意嵌套部件的耐用性和可靠性。

2.5 曲面化原理

2.5.1 原理介绍

1. 原理概念

曲面化原理，指的是将物体的直线、平面部分改为弯曲的形状，或者使用曲面来替代平面，以增加物体的性能或功能。这一原理的应用可以体现在多个方面。例如，在结构设计中，采用曲面结构可以更好地分散应力，提高物体的强度和稳定性；在外观设计上，曲面能带来更美观、流畅的视觉效果；在流体流动方面，曲面形状有助于减少阻力。

2. 具体指导细则

（1）将直线、平面用曲线、曲面代替，立方体结构改成球体结构。

（2）使用滚筒、球体、螺旋状等结构。

（3）从直线运动改成旋转运动，利用离心力（见图 2-9）。

图 2-9　旋转运动

3. 曲面化原理的应用

TRIZ 理论中的曲面化原理在多个行业领域具有广泛的应用，其核心理念在于通过用曲线或曲面代替直线或平面部分，以实现性能的优化和创新。例如，在汽车设计中，为了降低空气阻力，汽车的外形通常会采用曲面设计。将汽车前端设计成尽可能曲面化、接近流线型的形状，可以减少汽车头部的正面投影面积，从而降低风阻系数。在一些机械设计中，也会用到曲面化原理。比如千斤顶内部的螺旋结构，这种设计使其具有更大的升举力和更好的可靠性。

此外，笔尖做成圆形，相比其他形状的笔尖更容易下墨，书写也更流畅，这也是曲面化原理的体现。还有日常生活中的滚轮鼠标，它利用球体的滚动来代替传统的直线移动，操作更加灵活便捷。

总之，曲面化原理通过曲线部件代替直线部件、用球面代替平面等方式，为解决实际问题和实现创新提供了有效途径，在提高产品性能、优化使用体验等方面发挥了重要作用。它不仅适用于几何结构或机械运动的相关设计，还能延伸至许多其他表现为线性的事物中，帮助人们将变量之间的线性关系改变成非线性关系，从而更接近于客观规律。

2.5.2 曲面化原理解决问题的具体操作步骤及注意事项

1. 曲面化原理解决问题的具体步骤

步骤一，问题识别。

在系统中寻找线性情况、直线、平面及立方体形状的问题点。这些问题点可能是导致效率低下、性能不佳或成本过高的原因。

步骤二，非线性替代。

考虑用曲线部件代替直线部件，用球面代替平面，用球体代替立方体。这样做可能会带来对称性的优势，如圆和球体的对称性可以提供更好的结构强度和空间利用。

步骤三，滚筒和球体的应用。

在设计中采用滚筒、球体、螺旋体等结构，以改善物体的运动方式和力学性能。例如，球状笔尖可以使书写流畅并提高寿命。

步骤四，旋转运动的应用。

利用离心力，将直线运动改为旋转运动。例如，洗衣机通过旋转来甩干衣物，这是一种利用离心力的曲面化应用。

步骤五，解决方案的评估。

对提出的曲面化解决方案进行评估，考虑其是否能够在实际环境中实施，并预测可能的效果和潜在问题。

步骤六，原型测试。

制作解决方案的原型，并在受控条件下进行测试，收集数据以验证解决方案的有效性。

2. 注意事项

（1）在应用曲面化原理时，应确保新的设计方案不会导致额外的负面影响，如过度增加复杂性或成本。

（2）需要综合考虑材料的选择、制造工艺的限制以及最终产品的可靠性和耐用性。

（3）在改变形状或结构时，要确保新设计仍然符合安全标准和用户的期望。

2.5.3 案例分析

1. 案例

在汽车工程领域，空气动力学性能对车辆的整体性能有着至关重要的影响。作为一名汽车工程师，面对日益严格的燃油经济性和环保标准，减少汽车行驶时的空气阻力成为提升车辆性能、降低能耗的关键任务。这不仅关乎产品的市场竞争力，也体现了汽车制造商对环境保护的承诺。

2. 分析求解

步骤一，问题识别。

精确识别影响风阻系数的关键因素，如车身形状、表面平整度、前后部设计细节等。除了收集现有车型的空气动力学性能数据外，还需深入分析竞争对手的成功案例和失败教训，同时关注行业动态和新技术趋势，为设计提供科学依据。

步骤二，曲面化策略制定。

基于曲面化原理，制定一系列设计策略，如采用流线型车身设计减少湍流和尾流，设计平滑过渡的车头和车尾引导气流顺畅通过，优化车身各部分的曲面弧度使阻力面积最小化（见图2-10）。

图2-10　汽车设计中曲面化原理应用

步骤三，设计方案。

结合曲面化策略，制订详细的车身设计方案，包括整体形状、曲线走向、细节处理等。利用 CAD 软件进行三维建模，精确呈现设计构想。然后，运用流体动力学软件 CFD 对模型进行空气动力学模拟，预测其在实际行驶中的风阻表现。

步骤四，原型制作与验证。

原型制作：根据设计方案制作风洞实验的缩比模型或全尺寸模型，确保模型能够真实反映设计特征。

风洞测试：在专业的风洞实验室中对模型进行测试，收集详细的空气阻力数据，同时观察气流的流动情况，以验证设计的有效性。

步骤五，评估与优化。

数据分析：对风洞测试数据进行深入分析，识别设计中的亮点和潜在问题。

迭代优化：根据评估结果，对设计进行迭代优化。可能涉及调整车身曲线、改进细节设计、更换更高效的空气动力学部件等措施。此过程可能需要多次循环，直至达到性能要求。

步骤六，安全性和可行性考虑。

安全标准符合性：确保优化设计后的车辆符合所有相关的安全标准和法规要求。

制造可行性：评估设计方案的制造难度和成本，考虑材料选择、制造工艺的可行性和经济性。必要时，与供应商和生产部门紧密合作，共同解决制造难题。

步骤七，最终设计确认。

设计定稿：完成最终设计方案的定稿工作，包括详细的图纸、规格说明和制造指南。

生产准备：根据最终设计准备生产所需的图纸、文件和工具，确保生产线能够顺利投产。同时，制订详细的生产计划和质量控制措施，确保生产出的车辆符合设计要求和市场期望。

2.5.4 思考题

以下是依据曲面化原理提供的三个思考题，每个思考题都将从背景、分析和提示三个角度来展开。

思考题 1：建筑设计问题

背景：在现代建筑设计中，如何让建筑的外观既独特又能让结构更好地抵御风雨。

分析：考虑运用曲面化原理，将建筑的外立面设计成曲面形状。这样可以减少风阻，同时独特的曲面造型能增加建筑的艺术性。

提示：思考如何将常见建筑的直线结构转化为曲面，比如屋顶、墙面等，以及不同曲面形式带来的效果如何。

思考题 2：杯子的稳定性

背景：日常使用的杯子容易倾倒，如何改进杯子的稳定性。

分析：可以把杯子的底部设计成曲面，增加与桌面的接触面积和摩擦力，提高稳定性。

提示：探讨不同曲率的曲面底部对于稳定性的影响，以及是否能兼顾美观和使用便利性。

思考题 3：曲形屋顶设计

背景：在建筑学中，屋顶的设计不仅影响建筑物的美观，还关系到排水效率和结构稳定性。

分析：考虑如何应用曲面化原理来设计一个既美观又高效的屋顶系统，特别是在雨水收集和太阳能板安装方面。

提示：探索曲线或球形屋顶设计，以便更有效地收集雨水，并考虑如何将这些曲面整合到太阳能板的安装中，以提高能量收集效率。

2.6 维数变化原理

2.6.1 原理介绍

1. 原理概念

维数变化原理，指的是把物体的动作、布局由一维变为多维，或者将物体倾斜或侧向放置，也包括利用多层结构替代单层结构，以及使用给定表面的反面等。通过空间维数变化原理，可以帮助人们跳出固有的思维模式，从空间维度的角度去思考和解决问题，从而实现创新和改进。该原理在工程设计、产品创新等领域有着广泛的应用，能够为解决涉及空间布局和结构的问题提供新的思路和方法。

2. 具体指导细则

（1）将物体变为二维（如平面）运动，以克服一维直线运动或定位的困难；或过渡到三维空间运动以消除物体在二维平面运动或定位的问题。

（2）单层排列的物体变为多层排列（见图 2-11）。

（3）将物体倾斜或侧向放置。

（4）利用给定表面的反面。

（5）利用照射到邻近表面或物体背面的光线。

图 2-11　阶梯的维数变化

3. 维数变化原理的应用

TRIZ 理论中的维数变化原理，在多个行业领域展现出了广泛的应用和显著的效果。该原理强调通过改变物体的维度（如一维到二维，二维到三维）或利用多层结构来解决问题。

在建筑设计领域，螺旋式楼梯的设计，将原本在一维直线上的楼梯布局转变为二维的螺旋状，既节省了空间，又增加了建筑的美感。还有多层建筑的出现，通过将建筑物向空间延伸，由单层变为多层，大大提高了土地的利用率。

在电子产品方面，多层电路板的设计是该原理的典型应用。它利用多层排列代替单层排列，在不增加太多面积的情况下，实现了更多的电路布局和功能集成，使电子产品更加小型化和智能化。

机械制造行业中，一些特殊形状的零部件或工具也体现了维数变化。比如，将某个部件由直线形状变为弧形，使其更好地适应复杂的工作环境或提高工作效率。

在物流运输领域，可调节式货架的应用较为广泛。它可以根据货物的大小和数量，灵活地调整货架的层高和间隔，实现空间的高效利用。

维数变化原理的优势在于突破了传统的一维思维模式，通过增加维度或改变物体的方向、布局等方式，为解决问题提供了更多的可能性。同时也为产品创新带来了新的思路和方法。但在应用该原理时，需要综合考虑实际需求、制造工艺、成本等因素，以确保设计的可行性和实用性。

2.6.2 维数变化原理解决问题的具体操作步骤及注意事项

1. 维数变化原理解决问题的具体步骤

步骤一，问题识别。

明确需要解决的问题及其限制条件，确定问题的关键所在。

步骤二，考虑维数变化的可能性。

思考如何将物体的动作、布局从一维变为多维。例如从直线运动变为平面或空间运动；或者将单层排列的物体变为多层排列；也可以考虑使用物体的另一面、将光线投射到邻近区域或物体反面；以及将物体倾斜或侧放等方式。

步骤三，选择合适的维数变化方法。

根据问题的特点和实际情况，选择一种或多种具体的维数变化方法。例如，如果物体在某个方向上的移动或定位困难，可以尝试增加维度，使其在二维或三维空间中运动；对于需要节省空间或增加布局能力的情况，可采用多层排列的方式；若是为了充分利用物体表面或改善光照条件，可以使用物体的另一面或改变光线投射方向等。

步骤四，设计解决方案。

基于选定的维数变化方法,进行具体的解决方案设计。这可能涉及对物体的结构、形状、位置等进行改变或设计。

步骤五，评估和优化方案。

对设计出的解决方案进行评估，检查是否能够有效解决问题，同时考虑是否存在其他潜在问题或可进一步优化的地方。例如，是否影响了物体的其他性能，是否增加了制造难度或成本等。

步骤六，实施和验证方案。

将解决方案付诸实践，制作原型或进行实际应用测试，验证其效果是否符合预期。如果需要，对方案进行调整和改进。例如，在空间有限的办公室中需要增加更多的储物空间，可以运用维数变化原理中的多层排列方法，设计多层货架或使用可叠放的收纳盒，将原本单层的物品放置方式改为多层，从而在不增加占地面积的情况下，有效地增加了储物空间。

2. 注意事项

在应用维数变化原理时，要综合考虑实际需求、制造工艺、成本等因素，以确保设计的可行性和实用性。同时，创新思维也是成功运用该原理的关键。不同的问题可能需要灵活运用多种维数变化方法，或者与其他原理相结合，以获得更理想的解决方案。

2.6.3 案例分析

1. 案例

在空间有限的办公室存储文件或书籍。

2. 分析求解

步骤一，问题识别。

空间有限，平面上可放置文件或书籍的位置不足，导致寻找和取用不便，也影响工作或阅读效率。

步骤二，考虑维数变化的可能性。

利用空间维数变化，从一维的平面存储转变为多维的立体存储。

步骤三，选择合适的维数变化方法。

这里选择多层可旋转的文件架或书架。它可以在垂直方向上增加存储层数，同时通过旋转设计，方便使用者在不同层之间快速找到所需物品。

步骤四，设计解决方案。

根据实际空间大小和文件或书籍的数量，确定文件架或书架的高度、层数以及每层的尺寸。确保每层有足够的空间容纳常见的文件或书籍大小。旋转结构要灵活稳定，方便转动和定位（见图 2-12）。

图 2-12　基于维数变化原理的多层办公架

步骤五，评估和优化方案。

评估文件架或书架的稳定性、承重能力以及使用的便捷性。可能需要优化层数和层高的比例，以适应不同物品的尺寸；或者调整旋转结构的阻尼，使其既容易转动又不会过于松动。

步骤六，实施和验证方案。

按照设计方案制作或购买多层可旋转文件架或书架，并放置在相应位置。使用后观察其是否有效地增加了文件或书籍的存储量，是否提高了寻找和取用的效率。

在这个案例中，通过这种空间维数的变化，将原本平面的存储方式改为多层立体且可旋转的方式，在不大量增加占地面积的情况下，充分利用了垂直空间，提高了空间的存储能力，同时旋转设计也使得使用者能够更快捷地找到所需的文件或书籍。

2.6.4 思考题

以下是依据维数变化原理提供的三个思考题，每个思考题都将从背景、分析和提示三个角度展开。

思考题 1：优化城市垃圾桶的布局

背景：城市中垃圾桶的设置不合理，导致垃圾堆积、环境脏乱，影响城市形象和居民生活质量。

分析：目前垃圾桶主要是在地面上呈线性或点状分布，没有充分利用空间。可以考虑从一维的地面放置转变为多维的布局。

提示：可以设计多层垃圾桶，比如，在公交站台设置上下两层垃圾桶，上层放可回收物，下层放不可回收物；或者在公园等人流量大的地方设置立体式垃圾桶，不同面投放不同类型的垃圾。

思考题 2：提高小面积厨房的储物效率

背景：在一些小户型住宅中，厨房面积较小，储物空间不足，导致厨房用品摆放杂乱。

分析：当前厨房的储物可能主要依赖橱柜等平面空间。需要思考如何在有限的空间内增加储物维度。

提示：安装多层吊柜，利用墙面的垂直空间；或者使用可伸缩、折叠的置物架，不用时收起节省空间，使用时展开增加储物面积；还可以考虑在厨房角落设置旋转式的储物架。

思考题 3：提高农田灌溉效率

背景：传统的农田灌溉方式存在水资源浪费和灌溉不均匀的问题，影响农作物的生长和产量。

分析：可以通过维数变化，将平面的灌溉方式转变为立体或多层次的灌溉。例如，采用滴灌系统，将水管布置在不同深度和位置，实现精准灌溉。

提示：考虑滴灌系统的成本和维护，以及不同农作物对灌溉方式的适应性。

第 3 章　基于时间属性的发明原理详解及应用案例分析

3.1 预先反作用原理

3.1.1 原理介绍

1. 原理概念

预先反作用原理，指的是预先施加反作用，以抵消或平衡后续可能出现的不利影响。预先反作用原理强调的是提前采取措施，预防后续可能出现的问题，从而提高系统的稳定性和可靠性。

2. 具体指导细则

（1）事先施加机械应力，以抵消工作状态下不期望的过大应力。

（2）如果问题定义中需要某种相互作用，那么事先施加反作用（见图 3-1）。

图 3-1　预先反作用：防毒面具

3. 预先反作用原理的应用

在机械制造行业，预先反作用原理得到了广泛应用。例如，在机床加工中，为了减少加工时的振动对精度的影响，会预先安装减震装置，施加反向的力来抵消振动。这不仅提高了加工精度，还延长了机床的寿命。在建筑领域，预先反作用原理也发挥着重要作用。建造高层建筑时，考虑到建筑物在过程中可能会因为自重和外力而产生沉降，施工前会对地基进行预压处理，通过预先施加压力来减少未来的沉降量，确保建筑物的稳定性。在电子行业，印制电路板（PCB）的制造过程中，为防止在后续的焊接中出现元件脱落或线路断裂，会预先对关键部位进行加固处理，施加一定的预紧力，从而提高产品的可靠性。在汽车工业，轮胎的设计采用了预先反作用原理。轮胎在制造时就会考虑到行驶中的磨损和变形，通过特殊的花纹设计和材料分布，预先设置反作用力，以延长轮胎的寿命和保证行驶的安全性。

总之，预先反作用原理在众多行业领域中，帮助人们提前预防问题、优化产品性能、提高系统的稳定性和可靠性，为技术创新和产品改进提供了有效的思路和方法。

3.1.2 预先反作用原理解决问题的具体操作步骤及注意事项

1. 预先反作用原理解决问题的具体步骤

步骤一，问题识别。

确定所面临的问题，深入了解问题的性质、产生的原因以及可能导致的后果。

步骤二，寻找可施加反作用的对象。

在问题系统中，找出能够通过预先施加反作用来改善或解决问题的关键元素或部件。

步骤三，确定反作用的方向和大小。

根据问题的特点和需求，明确反作用的施加方向（例如抵抗压力、拉力、扭力等）以及合适的力度或强度。

步骤四，设计反作用的施加方式。

考虑采用何种技术、装置或方法来实现预先反作用。这可能包括弹簧、预应力构件、预加载的结构等。

步骤五，实施预先反作用方案。

按照设计方案，实际地将反作用施加到选定的对象上，并进行必要的测试和调整。

步骤六，监测与评估效果。

持续监测问题的改善情况，评估预先反作用方案的有效性。

2. 注意事项

（1）准确评估。要准确评估反作用的大小和方向，避免过度或不足的反作用，以免造成新的问题。

（2）系统兼容性。确保预先反作用的施加不会对整个系统的其他部分产生不利影响，保持系统的兼容性和稳定性。

（3）材料和工艺选择。根据实际情况选择合适的材料和制造工艺，以确保反作用装置的可靠性和耐久性。

（4）成本效益分析。考虑实施预先反作用方案的成本，确保在解决问题的同时具有良好的经济效益。

（5）安全因素。在设计和实施过程中，充分考虑安全因素，防止因反作用装置的故障或失效导致安全事故。

（6）可维护性。设计的反作用装置应便于维护和修理，以保证其长期有效的运行。

（7）动态变化。考虑到问题可能随着时间和环境的变化而变化，预先反作用方案应具有一定的灵活性和适应性。

3.1.3 案例分析

1. 案例

以"解决大型广告牌在强风作用下易倾倒"的问题为例，展示预先反作用原理的解决流程。

2.分析求解

步骤一，问题识别。

大型广告牌高耸且面积大，在强风作用下，由于受到巨大的风力，可能会发生倾斜甚至倾倒，造成安全隐患（见图3-2）。

步骤二，寻找可施加反作用的对象。

确定广告牌的支撑结构，如立柱和底座，作为施加反作用的主要对象。

步骤三，确定反作用的方向和大小。

根据当地的气象数据，计算可能出现的最大风力以及其对广告牌产生的作用力。反作用的方向应与风力方向相反，大小足以抵消风力产生的倾倒力矩。

步骤四，设计反作用的施加方式。

在广告牌立柱底部设置地锚，并通过钢索或拉杆将立柱与地锚连接，施加预拉力。增加立柱和底座重量，例如在底座内部浇筑混凝土块，增加其稳定性（见图3-3）。

图 3-2 简易广告牌　　　图 3-3 提前加固的广告牌

步骤五，实施预先反作用方案。

按照设计方案进行施工，确保地锚的埋设深度和强度符合要求，钢索或拉杆的连接牢固。精确控制底座混凝土的浇筑质量和重量分布。

步骤六，监测与评估效果。

在强风天气过后，检查广告牌的倾斜情况和结构完整性。长期观察广告牌在不同风力条件下的状态，评估预先反作用方案是否有效，如有必要进行调整和改进。

通过以上流程，利用预先反作用原理，提前为广告牌施加反作用力，提高其在强风环境下的稳定性，降低倾倒风险。

3.1.4 思考题

以下是依据预先反作用原理提供的三个思考题，每个思考题都将从背景、分析和提示三个角度展开。

思考题 1：如何防止高楼在地震中发生严重摇晃并损坏？

背景：地震是一种常见的自然灾害，会对高楼建筑产生巨大的水平、垂直作用力，导致高楼摇晃、结构受损甚至倒塌，威胁人们的生命和财产安全。

分析：需要考虑高楼的结构特点和地震力的作用方式。可以分析以往地震中高楼受损的情况，找出常见的薄弱环节。

提示：可以思考在建筑设计和施工阶段，预先给高楼结构施加反作用力。比如采用特殊的抗震支撑结构，或者在建筑中设置预应力构件，以增强抵抗地震的能力。

思考题 2：怎样避免长距离输油管道在温度变化时产生过度伸缩和破裂？

背景：长距离输油管道会受到环境温度变化的影响，导致管道热胀冷缩。过度的伸缩可能会造成管道连接处泄漏、管道破裂，影响输油安全和效率。

分析：研究管道材料的热膨胀系数，了解温度变化的范围和可能产生的伸缩量。

提示：考虑在管道安装时预先施加一定的压缩或拉伸力，或者安装具有补偿伸缩功能的特殊连接件，也可以采用保温措施来减少温度变化对管道的影响。

思考题 3：如何防止汽车在高速行驶时轮胎过度磨损？

背景：汽车高速行驶时，轮胎与地面的摩擦力增大，容易导致轮胎磨损加剧，不仅缩短轮胎寿命，还可能对行车安全构成威胁。

分析：分析轮胎磨损的原因，如轮胎的压力、花纹设计、车辆的悬挂系统等因素对磨损的影响。

提示：可以在轮胎制造时，预先设计特殊的花纹和结构，使其能够更均匀地承受压力和摩擦力。或者在车辆设计中，采用能够预先调整轮胎压力的系统，根据行驶速度和路况自动优化轮胎压力，减少磨损。

3.2 预先作用原理

3.2.1 原理介绍

1. 原理概念

预先作用原理，指的是预先完成部分或全部的动作或功能，或者预先安置好物体，使其在必要的时候能立即发挥作用，从而提高系统的效率和性能。

例如，在制造产品时，预先对材料进行处理（如预先涂层、预先硬化等），以减少后续加工的时间和成本；在紧急救援设备中，预先充好气的气垫可以在需要时立即投入。

2. 具体指导细则

（1）预先对物体（全部或部分）施加必要的改变。

（2）预先安置物体，使其在最方便的位置开始发挥作用而不浪费运送时间（见图 3-4）。

图 3-4　停车场安置的预付费设施

3. 预先作用原理的应用

在制造业中，预先作用原理被广泛运用。例如，汽车零部件在组装前预先进行防锈处理，可延长零件寿命，减少后续维护成本。在电子设备生产中，芯片在安装前预先完成测试，能确保产品质量，提高生产效率。

医疗领域也常见其身影。手术器械在手术前预先进行严格消毒和包装，可保证手术时能及时进行且无菌安全。药品在出厂前预先进行稳定性测试和包装，方便储存。

建筑行业同样如此。在建造房屋前，预先制作好部分预制构件，如墙板、楼梯等，然后运输到施工现场直接安装，大大缩短了施工周期。

在物流行业，预先对货物进行分类、打包和标记，能使货物在运输和仓储过程中更高效地流转，减少处理时间和错误率。

预先作用原理的应用，使得各个行业能够提前做好准备工作，减少中间环节的时间，提高工作效率，增强系统的可靠性和稳定性，为行业的发展和创新提供了有力支持。

3.2.2 预先作用原理解决问题的具体操作步骤及注意事项

1. 预先作用原理解决问题的具体步骤

步骤一，问题识别。

全面而深入地理解问题，明确问题的具体表现、影响范围和严重程度。确定问题的关键因素和相关变量，为后续分析提供清晰的方向。与相关人员进行沟通和交流，确保对问题的理解准确一致。

步骤二，分析现有流程和条件。

详细研究当前解决问题的方法、流程以及所涉及的各个环节。评估现有的资源，包括人力、物力、财力和技术等方面。确定当前存在的限制条件和可能的阻碍因素。

步骤三，确定可预先进行的动作或功能。

基于对问题的理解和现有流程的分析，挖掘可以提前开展的动作或功能。思考哪些步骤或功能如果提前完成，能够对问题的解决产生积极影响。可以通过头脑风暴、参考类似案例等方法来确定预先动作。

步骤四，规划预先作用的实施。

制定详细的预先作用方案，包括具体的操作步骤、时间节点和责任人。明确所需的资源和设备，并进行合理的调配。设计监测和评估指标，以便后续衡量预先作用的效果。

步骤五，执行预先作用方案。

严格按照规划的方案进行操作，确保预先动作的准确性。做好记录和文档管理，包括操作过程中的数据、发现的问题等。及时解决执行过程中出现的意外情况和问题。

步骤六，监测与调整。

在问题解决的整个过程中，持续监测预先作用的效果。根据设定的评估指标，收集和分析相关数据。如果预先作用没有达到预期效果，及时进行调整和改进。

2. 注意事项

（1）可行性评估。在确定预先作用的方案前，充分评估其在技术、经济和操作上的可行性。

（2）风险预测。考虑预先作用可能带来的潜在风险，如技术失误、资源浪费等，并制定应对措施。

（3）灵活性。预先作用方案应具有一定的灵活性，以适应问题解决过程中的变化。

（4）成本效益。确保预先作用所投入的成本与获得的效益相匹配，避免过度投入。

（5）与后续步骤的衔接。保证预先作用与后续的问题解决步骤能够顺利衔接，不产生冲突或延误。

（6）信息收集与反馈。及时收集关于预先作用效果的信息，为后续的调整和改进提供依据。

3.2.3 案例分析

1. 案例

开发一款新型智能手机。

2. 分析求解

步骤一，问题识别。

问题：市场上现有的智能手机在某些功能和用户体验方面存在不足（见图 3-5），需要开发一款更具竞争力的新型智能手机。

关键因素：电池续航能力、摄像头性能、操作系统流畅度、外观设计等。

图 3-5　智能手机的某些不足

步骤二，分析现有流程和条件。

现有流程：通常是先完成硬件设计和软件开发，然后进行测试和优化，最后推向市场。

资源：拥有专业的研发团队、一定的资金预算、供应链合作伙伴。

限制条件：技术更新换代快，市场竞争激烈，用户需求多样化。

步骤三，确定可预先进行的动作或功能。

预先进行市场趋势和用户需求的深度调研，明确用户对新功能的期望。提前与关键零部件供应商达成合作，确保能获得最新、优质的组件。预先规划好软件系统的升级路径和服务支持体系。

步骤四，规划预先作用的实施。

市场调研：在项目启动初期，通过问卷调查、用户访谈等方式，广泛收集用户意见，持续 1～2 个月（见图 3-6）。

图 3-6　手机用户调研

供应商合作：在硬件设计之前，与供应商签订合作意向，确保零部件供应的及时性和质量，提前 3～4 个月进行。

软件规划：在软件开发阶段，制订未来 1～2 年的系统升级计划和服务策略。

步骤五，执行预先作用方案。

按照计划认真执行市场调研，形成详细的报告，为设计提供依据。与供应商保持密切沟通，确保合作顺利。依据规划开展软件系统的开发，并预留升级接口。

步骤六，监测与调整。

在产品开发过程中，不断收集市场动态和技术发展信息。进行内部测试和用户试用，收集反馈。根据监测结果，对产品的功能、性能进行调整和优化。

通过以上预先作用的实施，能够提高新型智能手机的开发效率和市场适应性，增加产品成功的可能性。

3.2.4 思考题

以下是依据预先作用原理提供的三个思考题，每个思考题都将从背景、分析和提示三个角度展开。

思考题 1：如何提高电动汽车的长途续航能力？

背景：随着环保意识的增强和政策的推动，电动汽车市场不断扩大，但长途续航能力一直是消费者关注的焦点，也是制约电动汽车广泛普及的重要因素。

分析：需要考虑影响电动汽车续航的多个因素，如电池技术、车辆重量、能量回收系统、驾驶习惯等。当前电池技术的发展存在一定瓶颈，车辆重量的减轻也有一定限度，而优化能量回收系统和改善驾驶习惯需要用户的配合，具有不确定性。

提示：可以预先在城市中布局更多的快速充电桩，让用户在长途旅行前能够提前规划充电地点。在电动汽车的设计阶段，预先采用更高效的电池管理系统，提前对电池进行预热或预冷，以提高充电和放电效率。

思考题 2：怎样减少新开发的在线教育平台的用户流失率？

背景：在线教育市场竞争激烈，新开发的平台往往面临用户获取难、留存难的问题。用户可能因为课程质量、平台使用体验、学习效果不明显等原因而离开。

分析：需要深入了解用户需求和期望，分析竞争对手的优势和不足。可能存在课程内容不够个性化、平台功能不完善、缺乏互动性等问题。

提示：预先对目标用户进行详细的调研，了解他们的学习需求和偏好，据此开发针对性的课程。在平台上线前，预先建立用户反馈机制，及时收集和处理用户的意见和建议。还可以预先与一些知名教育机构或专家合作，提升平台的权威性和吸引力。

思考题 3：如何提升新餐厅开业后的顾客满意度？

背景：新餐厅开业时，往往存在众多挑战，如菜品质量不稳定、服务流程不熟练、知名度低等，这些都可能导致顾客满意度不高，影响餐厅的口碑和长期发展。

分析：考虑菜品的口味、食材的选择、服务人员的培训、餐厅的环境布置等方面。可能存在厨师经验不足、服务人员不熟悉业务、餐厅定位不清晰等问题。

提示：在开业前，预先对厨师和服务人员进行严格的培训和考核。预先制订多套菜品方案，并进行内部试吃和改进。预先通过各种渠道进行宣传推广，吸引潜在顾客。还可以预先准备一些顾客反馈问卷，及时了解顾客的意见和需求，以便开业后能够迅速调整和改进。

3.3 预设防范原理

3.3.1 原理介绍

1. 原理概念

预设防范原理，指的是针对物体相对较低的可靠性，预先准备好应急措施，以提高系统的可靠性和安全性。例如，为了防止电脑数据丢失，预先安装备份软件并设置定期自动备份；在飞机的设计中，除了主起落架外，还预设了应急起落架，以应对主起落架故障的情况；汽车配备备用轮胎，以防正常轮胎出现问题等。预设防范原理强调在问题发生之前就做好准备，以减少损失和风险。

2. 具体指导细则

预设防范原理具体指导细则是，采用事先准备好的应急措施，补偿物体相对较低的可靠性（见图3-7）。

图 3-7　预设防范：汽车的备用轮胎

3. 预设防范原理的应用

在医疗领域，预设防范原理应用广泛。例如，医院会预先储备急救药品和设备，以应对突发疾病或紧急情况。手术前会制定多种应急预案，预防手术中可能出现的意外。在交通领域，汽车配备安全气囊、防撞钢梁等，都是预设防范的体现。飞机有多个独立的飞行控制系统，以防主系统故障。在工业生产中，工厂会安装防火、防爆装置，提前制定应对停电、设备故障等问题的预案，保障生产安全。在通信领域，网络系统会预设冗余线路和备份服务器，防止因线路故障或服务器宕机导致通信中断。这些领域都通过提前准备应急措施，提高了系统的可靠性和安全性，减少了潜在风险带来的损失。

3.3.2 预设防范原理解决问题的具体操作步骤及注意事项

1. 预设防范原理解决问题的具体步骤

步骤一，问题识别。

对当前技术系统或问题进行深入分析，明确需要解决的主要矛盾或潜在风险。识别问题发生的可能场景和条件，以及可能带来的后果。

步骤二，建立模型。

构造物 - 场模型，用符号表达技术系统的变换和关系。分析系统中的元素（物体、场等）及其相互作用，确定潜在的冲突或缺陷。

步骤三，定义理想状态。

描述一个无缺陷、无冲突的理想状态，作为解决问题的目标。理想状态应与技术系统的功能需求相一致，并考虑经济、社会和环境等方面的可持续性。

步骤四，识别潜在风险。

基于对当前问题的理解和理想状态的设定，识别可能出现的潜在风险。分析这些风险发生的原因、条件和可能的后果。

步骤五，应用预设防范原理。

根据识别的潜在风险，选择或设计防范措施。防范措施可以包括冗余设计、预先应急措施、预防性维护等。确保防范措施的实施不会引入新的冲突或缺陷。

步骤六，生成解决方案。

将防范措施与系统中的其他元素相结合，生成具体的解决方案。解决方案应满足技术系统的功能需求，并尽可能接近理想状态。

步骤七，评估与优化。

对生成的解决方案进行评估，包括技术可行性、经济性和社会影响等方面。根据评估结果对解决方案进行优化，确保其在实际应用中能够取得良好的效果。

2. 注意事项

（1）保持开放心态。在解决问题的过程中，要保持开放的心态，勇于尝试新的方法和思路。不要局限于传统的解决方案，要敢于创新，寻求突破。

（2）注重团队合作。技术创新往往涉及多个领域的知识和技能，需要团队合作来共同解决问题。充分发挥团队成员的协同作用，共同探索和设计防范措施。

（3）持续学习与改进。TRIZ 原理并不是一成不变的，需要在实践中不断摸索和完善。持续关注相关领域的最新研究和技术进展，以便及时调整和优化解决方案。

（4）确保防范措施的有效性。在设计和实施防范措施时，要确保其能够有效地降低或消除潜在的风险。对防范措施进行充分的测试和验证，确保其在实际应用中能够发挥预期的作用。

（5）考虑系统的整体性和稳定性。在应用预设防范原理时，要考虑系统的整体性和稳定性。确保防范措施的实施不会破坏系统的平衡和稳定性，避免引入新的冲突或缺陷。

（6）降低潜在风险，提高系统的可靠性和安全性。

3.3.3 案例分析

1. 案例

优化一款新型智能手机。某电子产品公司研发了一款新型智能手机，但在初步测试阶段发现，该手机在长时间使用或高温环境下容易出现过热现象，导致性能下降甚至自动关机。这个问题严重影响了用户的使用体验，并可能对产品口碑和公司品牌形象造成负面影响。

2. 分析求解

步骤一，问题识别。

确定问题的核心：智能手机在长时间使用或高温环境下过热（见图 3-8）。

分析问题的影响：性能下降、自动关机，影响用户体验。

图 3-8　手机电池过热

步骤二，建立模型。

构造物－场模型，分析智能手机内部的热源（如处理器、电池等）及其与外部环境（如温度、湿度等）的相互作用。识别出热源与外部环境之间的不良交互，即过热现象。

步骤三，定义理想状态：智能手机在长时间使用或高温环境下能够保持正常温度，性能稳定，不出现过热现象。

步骤四，识别潜在风险。

长时间使用导致处理器和电池过热。高温环境下手机散热不良。过热可能引发电池膨胀、短路等安全风险。

步骤五，应用预设防范原理。

设计散热系统：在手机内部增加散热片、热管等散热元件，提高散热效率（见图 3-9）。

优化软件算法：调整处理器的功耗管理策略，减少不必要的能耗和发热。

使用耐高温材料：选择耐高温的电池和电路板材料，提高手机的耐热性能。

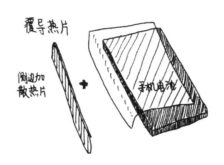

图 3-9　手机电池散热

步骤六，生成解决方案。

结合散热系统、软件算法优化和耐高温材料的使用，设计出一个综合性的解决方案。对方案进行初步测试，确保其在长时间使用或高温环境下能够有效降低手机温度。

步骤七，评估与优化。

对解决方案进行测试，模拟长时间使用、高温环境等极端条件。根据测试结果对方案进行优化，如调整散热系统的布局、优化软件算法等。最终确定一个稳定、有效的解决方案，并将其应用到实际产品中。

步骤八，实施效果。

经过上述步骤，该公司成功解决了智能手机过热的问题。应用预设防范原理后，新款智能手机在长时间使用或高温环境下能够保持稳定的温度，性能得到了显著提升，用户体验也得到了极大改善。同时，该解决方案还提高了手机的安全性和可靠性，为公司赢得了良好的市场口碑。

3.3.4 思考题

以下是依据预设防范原理提供的三个思考题，每个思考题都将从背景、分析和提示三个角度展开。

思考题 1：如何防止城市在暴雨时出现内涝？

背景：随着城市化进程的加快，地面硬化面积增加，雨水渗透能力下降。暴雨时，大量雨水短时间内无法及时排出，导致城市内涝，给交通、居民生活和基础设施带来严重影响。

分析：需要考虑城市排水系统的承载能力、雨水的汇集和排放路径、地形地貌等因素。排水系统可能存在排水管道管径不足、泵站能力不够、河道排水不畅等问题。

提示：可以预先规划和建设更强大的城市排水系统，加大排水管道的管径，增加泵站的数量和功率。在城市建设中，预先设置雨水花园、下凹式绿地等雨水滞留设施，减缓雨水的汇集速度。提前制定暴雨应急预案，包括交通管制、人员疏散等。

思考题 2：怎样避免智能工厂在网络攻击下停产？

背景：随着工业 4.0 的推进，智能工厂越来越依赖网络和信息技术。然而，网络攻击日益频繁和复杂，可能导致生产设备故障、数据泄露、生产流程中断，给企业带来巨大损失。

分析：要评估工厂网络系统的脆弱点，如防火墙的有效性、员工的网络安全意识、软件的更新情况等。工厂可能存在安全防护措施不足、员工缺乏培训、应急响应机制不完善等问题。

提示：预先安装多层网络安全防护系统，如防火墙、入侵检测系统等，并定期更新。对员工进行网络安全培训，提高他们的防范意识。制定详细的网络攻击应急预案，包括数据备份、系统恢复等措施，定期进行演练。

思考题 3：如何预防新研发的药品出现严重副作用？

背景：药品研发过程复杂，需要经过多个阶段的临床试验。尽管在研发过程中进行了严格的测试，但仍有可能在上市后发现严重的副作用，影响患者健康，损害药企声誉。

分析：需要考虑药品的成分、作用机制、适用人群、临床试验的设计和执行等方面。新药可能存在临床试验样本量不足、对某些特殊人群的研究不够、药物相互作用未充分考虑等问题。

提示：在药品研发初期，预先进行更全面的药物安全性评估，包括对药物的长期毒性试验。扩大临床试验的样本量，纳入不同年龄、性别、健康状况的人群。预先建立药物不良反应监测系统，在药品上市后密切跟踪患者的用药情况，及时发现并处理副作用问题。

3.4 动态性原理

3.4.1 原理介绍

1. 原理概念

动态性原理，指的是系统或物体的特性、结构、状态或功能能够根据环境和操作条件的变化而自动调整、改变或适应，以实现更高效、更灵活、更优化的性能。动态性原理旨在鼓励创新者思考如何使系统或物体具有动态变化的能力，以应对不断变化的条件和需求，提高其整体的价值和实用性。

具体来说，包括以下几个方面：一是系统能够在不同的工作阶段或任务中自动改变其形态、结构或参数，以达到最佳的工作效果。二是物体的组成部分可以相对运动，以适应不同的使用场景或需求。三是原本固定不变的物体或系统变得具有可移动性、可调节性或自适应性，从而增强其功能和性能。

2. 具体指导细则

（1）系统能够在不同的工作阶段或任务中自动改变其形态、结构或参数，以达到最佳的工作效果。

（2）分割物体，使物体的组成部分可以相对运动，以适应不同的使用场景或需求。

（3）使原本固定不变的物体或系统变得具有可移动性、可调节性或自适应性，从而增强其功能和性能（见图3-10）。

图 3-10　可调节座椅

3. 动态性原理的应用

动态性原理在各个行业领域的应用，系统能够自适应变化的环境和需求，提升了性能、灵活性和效率。在汽车领域，汽车悬挂系统能根据路况自动调节阻尼，适应不同的行驶条件，提高乘坐舒适性和操控稳定性。在制造业，数控机床的刀具可以根据加工要求自动调整转速和进给速度，优化加工过程。在物流行业中，智能仓储系统的货架能够动态移动和调整，以适应货物的存储和取出，提高仓储空间利用率和作业效率。在建筑领域，一些新型建筑采用可伸缩的屋顶结构，根据天气和使用需求改变空间形态。在医疗方面，康复机器人能根据患者的康复进展动态调整训练模式和力度，提供个性化的康复治疗。

3.4.2 动态性原理解决问题的具体操作步骤及注意事项

1. 动态性原理解决问题的具体步骤

步骤一，问题识别与转化。

清晰定义问题，明确问题的本质和关键要素。将问题转化为 TRIZ 理论中的动态性原理问题，即关注系统的动态特性和行为变化。

步骤二，系统分析。

对技术系统进行全面分析，包括系统的结构、功能、输入输出等。识别系统中的动态元素，如运动部件、变化过程等。

步骤三，动态性原理应用。

根据动态性原理，分析系统的动态特性和行为变化，找出潜在的问题或改进点。考虑如何通过改变系统的动态特性来解决问题或优化性能。

步骤四，生成解决方案。

基于动态性原理的分析，提出具体的解决方案。解决方案应关注系统的动态行为，如改变运动方式、调整过程参数等。

步骤五，方案评估与优化。

对生成的解决方案进行评估，包括技术可行性、经济性和社会影响等方面。根据评估结果对方案进行优化，确保其实施效果最佳。

2. 注意事项

（1）深入理解动态性原理。动态性原理强调通过改变系统的动态特性来解决问题，因此需要深入理解其内涵和应用范围。

（2）全面分析系统。在应用动态性原理之前，需要对技术系统进行全面分析，确保识别出所有相关的动态元素和潜在问题。

（3）创新思考。动态性原理的应用需要创新思考，勇于尝试新的解决方案和方法。

（4）考虑系统整体性和稳定性。在改变系统的动态特性时，需要确保系统的整体性和稳定性不受影响。

（5）评估与验证。对生成的解决方案进行充分的评估和验证，确保其在实际应用中能够取得预期的效果。

3.4.3 案例分析

1. 案例

优化一款工业机器人。某自动化设备制造商生产的一款工业机器人，在高速运转过程中，其关节部位频繁出现磨损和故障，导致机器人的工作效率和稳定性下降。制造商希望找到一种有效的解决方案，以提高机器人的耐用性和性能。

2.分析求解

步骤一，问题识别与转化。

问题定义：明确问题为工业机器人关节部位的磨损和故障（见图 3-11）。

问题转化：将问题转化为如何通过改变机器人的动态特性（如运动方式、关节结构等）来减少磨损和故障。

图 3-11　工业机器人关节

步骤二，系统分析。

结构分析：对机器人的整体结构和关节部位进行详细分析，了解其工作原理和运动特性。

功能分析：明确机器人的主要功能为高速运转和精确操作，以及关节部位在其中的作用。

动态元素识别：识别出关节部位为关键的动态元素，其运动方式和结构对机器人的性能有重要影响。

步骤三，动态性原理应用。

动态特性分析：分析关节部位的动态特性，如运动轨迹、速度、加速度等，找出可能导致磨损和故障的因素。

改进点识别：根据动态性原理，识别出通过改变关节部位的运动方式或结构来减少磨损和故障的潜在改进点。

步骤四，生成解决方案。

方案提出：基于动态性原理的分析，提出一种新型关节结构的设计方案，该方案通过优化关节的运动轨迹和减少不必要的摩擦来降低磨损（见图 3-12）。

方案细化：对设计方案进行细化，包括具体的结构参数、材料选择、制造工艺等。

图 3-12　工业机器人可调关节

步骤五，方案评估与优化。

技术可行性评估：对设计方案进行技术可行性评估，确保其能够实现预期的功能和性能。

经济性评估：对设计方案进行经济性评估，包括成本预算、生产周期等，确保其符合制造商的经济利益。

优化与调整：根据评估结果对设计方案进行优化和调整，确保其在实际应用中能够取得最佳效果。

步骤六，实施与验证。

方案实施：将优化后的设计方案付诸实践，制造并测试新型关节结构的工业机器人。

效果验证：对新型机器人进行性能测试和实际应用验证，确保其耐用性和性能得到提升。

通过上述流程，制造商成功地应用 TRIZ 理论中的动态性原理解决了工业机器人关节部位的磨损和故障问题。这一案例展示了 TRIZ 理论在解决实际问题中的有效性和实用性。同时，也提醒我们在应用 TRIZ 理论时，需要深入理解其原理和方法，并结合实际问题进行灵活应用。

3.4.4 思考题

以下是依据动态性原理提供的三个思考题，每个思考题都将从背景、分析和提示三个角度展开。

思考题 1：如何提高城市交通信号灯的效率？

背景：城市交通拥堵日益严重，交通信号灯的设置在一定程度上影响着道路的通行效率。传统的固定时间信号灯可能无法适应实时变化的交通流量。

分析：考虑不同时间段、不同路段的交通流量差异。可能存在高峰期交通流量大但信号灯时间过短的问题，导致车辆排队过长；平峰期交通流量小但信号灯时间过长，浪费道路资源等问题。

提示：可以采用动态交通信号灯系统，根据实时的交通流量数据自动调整信号灯的时长。例如，通过在道路上安装传感器收集车辆数量和速度信息，将数据传输到控制中心，系统自动计算并调整信号灯时间。或者设置不同的信号灯模式，如高峰期的绿波模式和平峰期的均衡模式。

思考题 2：怎样优化仓库存储布局以提高货物出入库效率？

背景：随着企业业务的增长，仓库中的货物种类和数量不断增加，传统的固定存储布局可能导致货物查找困难、搬运距离长，影响出入库效率。

分析：考虑货物的周转率、体积大小、重量等因素。可能存在周转率高的货物存放在深处，搬运不便；货物存储区域划分不合理，导致空间浪费和操作复杂等问题。

提示：引入动态仓库存储布局，使用可移动的货架或存储单元。根据货物的出入库频率和需求，定期或实时调整货物的存储位置。利用自动化设备和智能管理系统，自动识别货物属性并分配存储位置。设置临时存储区，用于存放即将出入库的货物，减少搬运距离。

思考题 3：如何增强智能手机电池的续航能力？

背景：智能手机的功能越来越强大，但电池续航能力一直是用户关注的焦点。现有的电池技术在短期内难以有重大突破，需要从其他方面寻找解决方案。

分析：考虑手机的不同使用场景和用户习惯。可能存在某些应用程序耗电量过大，而用户无法及时察觉和控制；手机在信号弱的情况下会加大功率搜索信号，导致电量消耗加快等问题。

提示：开发动态电源管理系统，根据手机的运行状态和用户使用模式自动调整电源配置。例如，当手机处于待机状态或运行低功耗应用时，降低处理器频率和屏幕亮度；在检测到用户正在进行游戏或视频通话等高耗能操作时，优化性能但同时提醒用户电量消耗情况。或者通过智能算法预测用户的使用习惯，提前调整电源策略，如在用户通常充电的时间段取消电量消耗的限制。

3.5 周期性动作原理

3.5.1 原理介绍

1. 原理概念

周期性动作原理，指的是通过采用周期性的动作或操作，而非连续的动作或操作，来提高系统的性能、效率。例如，脉冲式的清洗方式相较于持续的水流清洗可能更节能且效果更好；周期性地开启、关闭路灯可以根据环境亮度和交通流量进行节能控制；以周期性的振动来传输物料可能比持续的推送更有效等。

2. 具体指导细则

（1）用周期性动作或脉冲动作代替连续动作。

（2）如果周期性动作正在进行，改变其运动频率。

（3）在脉冲周期中利用暂停来执行另一有用动作（比如心肺复苏时，按压五次人工呼吸一次，如图 3-13 所示）。

图 3-13　心肺复苏过程图

3. 周期性动作原理的应用

周期性动作原理在多个行业领域有着广泛的应用。在生产制造业中，生产线常采用周期性动作原理来实现自动化和高效生产。在物流行业中，周期性波动与宏观经济紧密相关，影响物流服务需求和行业盈利水平。在销售和市场营销领域，周期性订购模式根据用户需求和商品品类结构，为用户提供了便捷的购买方式，从而提高了电商平台的复购率和利润。

此外，在信息技术、建筑工程等领域，周期性动作原理也发挥着重要作用，帮助优化系统性能、提高工作效率。

3.5.2 周期性动作原理解决问题的具体操作步骤及注意事项

1. 周期性动作原理解决问题的具体步骤

步骤一，问题识别。

明确问题的性质、现状和期望达到的目标。确定问题中适合采用周期性动作的环节。

步骤二，周期设计。

研究相关因素，如任务的复杂性、资源可用性、外部条件等。设定周期的时间间隔、频率和持续时间。

步骤三，方案制订。

基于周期设计，制订具体的操作方案。明确在每个周期内需要完成的具体动作和任务。

步骤四，实施与监测。

按照制订的方案开始实施周期性动作。建立监测机制，收集数据以评估周期动作的效果。

步骤五，调整优化。

根据监测结果，分析周期动作的有效性，对周期的参数或具体动作进行调整和优化。

2.注意事项

（1）深入理解原理。在应用周期性动作原理之前，需要深入理解其核心思想和方法，确保能够准确识别并应用该原理。

（2）结合实际情况。每个问题都有其独特的背景和条件，在应用周期性动作原理时，必须结合实际情况进行分析，避免生搬硬套。

（3）持续观察与优化。在实施周期性动作方案后，需要持续观察其效果，并根据实际情况进行必要的调整和优化。

3.5.3 案例分析

1.案例

优化工厂设备维护计划以减少故障停机时间（见图3-14）。

图3-14　设备故障抢修

2. 分析求解

步骤一，问题识别。

工厂设备故障停机频繁，影响生产效率和产品质量。目前设备维护是在出现明显故障后进行抢修，缺乏计划性和预防性。

步骤二，周期设计。

研究设备的使用频率、工作环境、零部件寿命等因素。确定每月进行一次常规检查、每季度进行一次深度维护、每年进行一次全面检修的周期频率。

步骤三，方案制订。

每月常规检查：清洁设备、检查易损部件、紧固螺丝等。

每季度深度维护：更换部分磨损部件、校准关键参数、检查电气系统。

每年全面检修：对设备进行拆解、全面检查、更换主要零部件、进行性能测试。

步骤四，实施与监测。

按照制定的维护周期和方案严格执行。建立设备维护记录，记录每次维护的时间、部件、发现的问题和处理结果。监测设备在维护后的运行状况，统计故障停机时间（见图 3-15）。

图 3-15 设备实时监控

步骤五，调整优化。

根据监测数据，分析维护周期和方案的有效性。如果某个部件频繁出现问题，调整检查和更换的周期；如果整体故障停机时间未达到预期，优化维护流程和技术。

通过这样的周期性动作原理的应用，有望显著减少工厂设备的故障停机时间，提高生产效率和产品质量。

3.5.4 思考题

以下是依据周期性动作原理提供的三个思考题，每个思考题都将从背景、分析和提示三个角度展开。

思考题 1：如何优化餐厅的食材采购流程以降低成本和减少浪费？

背景：餐厅在运营过程中，食材采购的不合理常常导致成本增加和食材浪费。有时采购量过多，导致部分食材过期；有时采购量不足，影响菜品供应。

分析：考虑餐厅的客流量变化、菜品销售数据、食材保质期、供应商的供货周期等因素。可能存在对客流量预测不准确，采购计划缺乏灵活性，与供应商沟通不畅等问题。

提示：建立周期性的采购计划，例如每周进行一次大规模采购，每天根据前一天的销售情况进行少量补充采购。分析历史销售数据，预测不同菜品在不同季节和时间段的需求，调整采购量。与供应商建立良好的沟通机制，确保供货的及时性和稳定性。

思考题 2：怎样提升健身房会员的锻炼效果和参与度？

背景：健身房会员的锻炼效果和参与度参差不齐，部分会员难以坚持锻炼，或者锻炼方法不当导致效果不佳。

分析：考虑会员的健身目标、身体状况、时间安排、课程设置等因素，可能存在课程安排不合理、缺乏个性化指导、激励措施不足等问题。

提示：制订周期性的健身计划，例如为会员制定每周的锻炼课程表，包括有氧训练、力量训练和柔韧性训练等。每个月对会员进行身体指标检测，根据检测结果调整锻炼计划。定期举办健身挑战活动或比赛，以周期性的激励方式提高会员参与度。

思考题 3：如何改善城市公园的植被养护效果？

背景：城市公园的植被需要精心养护，但由于面积较大、植物种类多样，养护工作面临诸多挑战，植被生长状况不佳。

分析：考虑季节变化、植物生长特性、病虫害发生规律、养护人员和设备配置等。可能存在养护工作不及时、方法不科学、资源分配不合理等问题。

提示：制定周期性的养护日程表，如春、夏季增加浇水和修剪频率，秋、冬季加强施肥和病虫害防治。根据不同植物的生长周期，进行周期性的施肥和修剪。安排专业人员定期巡查，及时发现和处理植被问题。

3.6 有效持续作用原理

3.6.1 原理介绍

1. 原理概念

有效持续作用原理，指的是通过让系统或物体持续运行、持续发挥作用，以消除间歇动作或阶段性动作带来的不利影响，从而提高系统的效率和性能。例如，连续生产的流水线相较于间歇性生产，能够减少启动和停止过程中的能量浪费和时间损失，提高生产效率；不间断供电系统（UPS）能够在市电中断时持续为设备供电，确保设备正常运行，避免数据丢失等问题。

2. 具体指导细则

（1）物体的各个部分同时满载持续工作，以提供持续可靠的性能。

（2）消除空闲和间歇性动作。

3. 有效持续作用原理的应用

有效持续作用原理的应用十分广泛。在制造业中，该原理被用于优化生产流程，确保机器设备持续高效运行，减少空闲和间歇性动作，从而提高生产效率。在能源领域,如太阳能和风能发电,有效持续作用原理指导系统设计,确保能源转换过程连续稳定,最大化能源输出。

此外,在农业领域,水资源管理也运用该原理,通过持续监测并调控灌溉系统,确保农作物得到稳定的水分供应,提高水资源利用效率。这些应用实例表明,有效持续作用原理对于提升各行业系统的效率和稳定性具有重要作用。

3.6.2 有效持续作用原理解决问题的具体操作步骤及注意事项

1. 有效持续作用原理解决问题的具体步骤

步骤一,问题识别。

明确需要解决的问题,包括问题的现状、影响以及期望的改进目标。

步骤二,系统分析。

对现有系统进行全面分析,包括其工作流程、各环节的相互关系以及可能存在的中断或非持续因素。

步骤三,寻找持续作用机会。

基于系统分析,确定可以实现有效持续作用的环节和改进方向。

步骤四,方案设计。

制订具体的解决方案,确保系统能够持续运行,消除或减少中断和停顿。

步骤五,实施与测试。

按照设计方案进行实施,并对改进后的系统进行测试和验证。

步骤六,优化调整。

根据测试结果,对方案进行必要的优化和调整,以达到最佳的持续作用效果。

2. 注意事项

(1)资源保障。确保在持续作用过程中所需的人力、物力和财力等资源充足。

(2)可靠性维护。加强系统的可靠性设计和维护,预防持续运行中的故障。

（3）风险评估。提前评估持续作用可能带来的新风险，并制定应对措施。

（4）灵活性考虑。方案应具备一定的灵活性，以应对特殊情况或变化的需求。

（5）成本效益平衡。在追求持续作用效果时，要考虑成本投入与效益产出的平衡。

3.6.3 案例分析

1. 案例

提高工厂某条生产线的产量。

2. 分析求解

步骤一，问题识别。

问题：当前生产线每天工作 8 小时（见图 3-16），产量无法满足市场需求。

现状：生产线上存在频繁的设备故障停机、物料供应不及时、工人换班导致的生产中断等问题。

目标：在不增加过多成本的前提下，将日产量提高 30%。

图 3-16　工厂工人集体换班

步骤二，系统分析。

对生产线的各个环节进行详细分析，包括设备维护记录、物料供应流程、工人工作安排等。发现设备老化导致故障频发，物料采购计划不合理，工人换班交接时间过长。

步骤三，寻找持续作用机会。

确定可以通过加强设备预防性维护减少故障停机时间，优化物料供应计划实现及时供应，改进工人换班流程减少交接时间来实现持续生产（见图 3-17）。

图 3-17　调整换班流程

步骤四，方案设计。

制订设备定期维护计划，增加备件储备。与供应商合作优化物料供应的时间和数量。重新设计工人换班流程，缩短交接时间并提前做好准备工作。

步骤五，实施与测试。

按照方案逐步实施，并在实施过程中密切监控生产线的运行情况。记录产量变化、设备故障次数、物料供应延误时间等数据。

步骤六，优化调整。

根据测试阶段收集的数据，对方案进行调整。比如进一步优化设备维护周期，调整物料供应的提前量等。达到最终产量提高 30% 的目标。

通过这样的流程，利用有效持续作用原理解决了生产线产量不足的问题。

3.6.4 思考题

以下是依据有效持续作用原理提供的三个思考题，每个思考题都将从背景、分析和提示三个角度展开。

思考题 1：如何提升电商仓库的发货效率？

背景：随着电商业务的快速增长，电商仓库面临着发货量大幅增加的压力，导致发货延迟和错误率上升。

分析：考虑优化仓库布局、货物存储方式、拣货流程、包装环节等。可能存在货物摆放混乱、拣货路径不合理、包装材料准备不充分等问题。

提示：预先对货物进行分类和分区存放，根据订单预测提前将热门商品放置在易于拣选的区域。提前准备好常用的包装材料和标签，并按照规格摆放。分析历史订单数据，预先安排人力和设备资源，以应对高峰期的发货需求。

思考题 2：怎样减少城市交通拥堵？

背景：城市人口增长和汽车保有量的增加导致交通拥堵日益严重，影响居民出行和城市发展。

分析：考虑道路规划、公共交通设施、交通信号设置、市民出行习惯等。可能存在道路容量不足、公共交通覆盖率低、交通信号不合理、私家车出行过度依赖等问题。

提示：预先规划和建设更多的城市道路和交通设施，如高架桥、地下通道等。提前推广智能交通系统，根据历史交通流量数据预先调整交通信号灯的时间。鼓励市民采用公共交通出行，预先制定优惠政策或增加公共交通的线路和班次。

思考题 3：如何提高学生的考试成绩？

背景：学生在考试中成绩不理想，可能影响升学和未来发展。

分析：考虑学生的学习方法、知识掌握程度、考试心态、教学质量等。可能存在学习计划不合理、知识点理解不透彻、考试紧张、教学内容和方式不适应等问题。

提示：教师预先根据教学大纲和考试要求制订详细的教学计划和复习资料。学生预先制订个人学习计划，预习和复习知识点。学校预先组织模拟考试和心理辅导，让学生熟悉考试流程和调整考试心态。

3.7 急速作用原理

3.7.1 原理介绍

1. 原理概念

急速作用原理，指的是以极快的速度完成某项动作，以达到更好的效果或创造新的价值。例如，采用高速的水刀切割技术能够更精确、更迅速地完成材料切割。

2. 具体指导细则

急速作用原理具体指导细则是将危险或有害的流程或步骤在高速下进行。

3. 急速作用原理行业领域的应用

急速作用原理在多个行业领域有着广泛应用。在制造业，高速冲压技术能在极短时间内完成复杂零件的成型，提高生产效率；3D 打印中的高速喷头可快速沉积材料，缩短产品制造周期。在医疗领域，微创手术中使用的高速电钻能迅速精确地去除病变组织；急救时，通过急速注射药物能快速发挥药效，挽救生命。在通信行业，5G 网络的高速数据传输让信息传递瞬间完成，实现高清视频实时播放和远程控制的超低延迟。在物流行业，自动分拣系统的高速运行能够快速处理大量包裹，确保及时送达。在科研领域，超级计算机的高速运算能力可在短时间内处理海量数据，加速科学研究进程。

3.7.2 急速作用原理解决问题的具体操作步骤及注意事项

1. 急速作用原理解决问题的具体步骤

步骤一，问题识别。

清晰界定需要解决的问题，明确问题的本质和范围。分析问题是否可以通过快速执行或缩短过程时间来改善。

步骤二，系统分析。

对涉及的系统或过程进行全面分析，识别可以加速的步骤或环节。评估加速后可能带来的风险，如质量下降、能耗增加等。

步骤三，方案设计与选择。

根据急速作用原理，设计能够缩短过程时间的解决方案。评估不同方案的可行性、成本效益和潜在风险。选择最佳方案，确保其能够解决实际问题并符合业务目标。

步骤四，实施与监控。

将选定的方案付诸实施，确保所有相关人员都了解并遵循新的流程。密切监控实施过程，收集数据以评估方案的效果。

步骤五，评估与优化。

根据收集到的数据，评估方案是否达到了预期效果。对方案进行必要的调整和优化，以确保其持续改进和适应变化的环境。

2. 注意事项

（1）确保质量与安全。在追求速度的同时，要确保产品或服务的质量不受影响，并遵守所有相关的安全规定和标准。

（2）资源管理。快速执行可能需要更多的资源（如人力、物力、财力），要确保资源的合理配置和有效利用。

（3）风险评估。在加速过程中，要密切关注潜在的风险，并制定相应的应对措施。

（4）沟通与协作。确保所有相关人员都了解并遵循新的流程，加强团队之间的沟通与协作，以确保方案的顺利实施。

（5）持续改进。快速作用原理的应用是一个持续的过程，要定期回顾和评估方案的效果，并根据需要进行调整和优化。

3.7.3 案例分析

1. 案例

优化软件启动速度。某软件公司在开发一款新软件时，发现软件启动速度较慢，影响了用户体验。公司决定运用急速作用原理来优化软件启动速度，提高用户满意度。

2. 分析求解

步骤一，问题识别。

识别软件启动速度慢的问题，并明确其影响范围和程度。分析软件启动过程中的各个环节，找出可能导致启动速度慢的瓶颈（见图 3-18）。

图 3-18 软件运行速度慢

步骤二，系统分析。

对软件启动过程进行全面分析，包括代码加载、资源初始化、网络连接等步骤。使用性能分析工具监测软件启动过程中的时间消耗，确定哪些步骤耗时最长。

步骤三，方案设计与选择。

根据急速作用原理，设计优化方案，如减少不必要的代码加载、优化资源初始化顺序、优化网络连接等。评估不同优化方案的可行性、成本效益和潜在风险，选择最佳方案。

步骤四，实施与监控。

将选定的优化方案付诸实施，对软件进行修改和测试。在实施过程中，密切监控软件启动速度的变化，确保优化效果符合预期。

步骤五，评估与优化。

收集用户反馈和数据，评估优化后的软件启动速度是否满足用户需求。对优化方案进行必要的调整和优化，如进一步减少代码加载量、优化内存管理等。持续监控软件性能，确保软件启动速度始终保持在一个较高的水平。

步骤六，解决方案效果。

通过运用急速作用原理，该软件公司成功优化了软件启动速度，提高了用户体验。优化后的软件启动速度明显加快，用户反馈良好，为公司赢得了更多的市场份额和用户口碑（见图 3-19）。

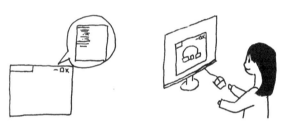

图 3-19　优化软件

3.7.4 思考题

以下是依据急速作用原理提供的三个思考题，每个思考题都将从背景、分析和提示三个角度展开。

思考题 1：如何提高快递分拣的速度？

背景：随着电商行业的迅猛发展，快递包裹数量急剧增加，传统的快递分拣方式效率低下，无法满足快速送达的需求。

分析：可能存在人工分拣速度慢、错误率高，分拣设备老旧、处理能力有限，分拣流程不合理等问题。

提示：引入高速自动化的分拣机器人，利用图像识别技术和智能算法，快速准确地识别包裹信息并进行分类。优化分拣场地布局，减少包裹运输距离。采用并行分拣的方式，多个分拣线同时工作，提高整体分拣速度。

思考题 2：怎样加快新产品的研发进程？

背景：市场竞争激烈，产品更新换代速度快，企业需要缩短新产品的研发周期，以抢占市场先机。

分析：可能存在研发团队沟通不畅、分工不明确，研发流程烦琐、环节多，缺乏有效的创新方法和工具等问题。

提示：建立敏捷研发团队，明确成员职责和分工，加强沟通协作。精简研发流程，去除不必要的审批环节。运用快速原型制作技术，快速验证设计理念。利用模拟和仿真工具，在虚拟环境中进行产品测试，减少实际试验的时间。

思考题 3：如何迅速提升网站的加载速度？

背景：用户对网站的加载速度要求越来越高，加载缓慢会导致用户流失，影响网站的用户体验和业务发展。

分析：可能存在服务器性能不足、网络带宽受限、图片和脚本文件过大、数据库查询效率低等问题。

提示：升级服务器硬件，增加内存和处理能力。优化图片和脚本文件，采用压缩技术减小文件大小。使用内容分发网络（CDN）加速数据传输。对数据库进行优化，建立索引，减少复杂查询。采用缓存技术，将经常访问的数据存储在缓存中，加快读取速度。

第 4 章　基于主体属性的发明原理详解及应用案例分析

4.1 抽取原理

4.1.1 原理介绍

1. 原理概念

抽取原理主张将物体中产生负面影响的部分或特性抽取出来，或者只抽取物体中需要的部分或特性。其核心在于对物体进行精细的分析和筛选，以确定哪些部分或特性是有益的，哪些部分是可以去除或分离的。通过抽取原理，可以聚焦于关键的、有益的部分，排除干扰和不利因素，从而实现创新和优化。

2. 具体指导细则

（1）从物体中抽出可产生负面影响的部分或属性（见图 4-1）。

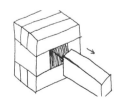

图 4-1　抽出产生负面影响的部分

（2）仅从物体中抽出必要的、有用的部分或属性。

3. 抽取原理的应用

抽取原理在 TRIZ 中是一个常用的解决问题的方法，它在很多实际应用领域中得到了体现。例如，在环境设计领域，采用抽取原理将嘈杂的设备（如压缩机）放在室外，从而把产生噪声的部分从居住或工作区域中抽取出来，减少对人员舒适和工作效率的影响，从而实现环境噪声控制；在化学工程领域，化学生产过程中将有害的副产品从主反应流程中抽出，既提高了产品质量，也减少了环境污染；另外，在食品加工、信息技术、医疗、建筑设计、农业、能源、废物回收、服装设计等领域，该原理均得到了广泛的应用。

综上所述，抽取原理在不同领域的应用，均是通过有选择性地去除或分离某些部分，提高系统的效率、质量和环境友好性。然而，需要注意的是，抽取原理的应用也可能带来副作用，比如可能会增加不必要的生产成本或者忽视了被除去部分的潜在价值。因此，在使用抽取原理时，应充分考虑其利弊，以达到最佳的平衡。

4.1.2 抽取原理解决问题的具体操作步骤及注意事项

1. 抽取原理解决问题的具体步骤

步骤一，问题识别。

清晰地定义所遇到的技术难题，包括问题的具体表现、影响范围以及解决该问题的重要性。

步骤二，分析系统或组件。

对涉及技术难题的系统或组件进行详细的分析。识别出系统或组件的各个部分、功能、属性以及它们之间的相互作用。使用流程图、结构图或任何有助于理解系统结构的工具进行记录。

步骤三，识别负面影响的部分或属性［针对指导细则（1）］。

评估系统或组件的每个部分或属性，确定哪些可能导致技术难题的出现或加剧。识别出那些增加系统复杂性、降低性能、增加故障率或增加维护成本的部分或属性。深入了解这些负面影响的具体原因和机理。

步骤四，制订抽取计划。

根据负面影响的分析结果，制订一个详细的抽取计划。确定哪些部分或属性可以安全地被移除、替换或改进以减少负面影响。考虑替代方案，如使用更高效的算法、替换过时的硬件或使用新的技术架构。

步骤五，实施抽取。

按照抽取计划开始行动，逐步从系统或组件中移除、替换或改进产生负面影响的部分或属性。在实施过程中，保持与团队的紧密沟通，确保所有相关人员了解变更的内容和进度。监控并记录变更对系统性能、稳定性和其他关键指标的影响。

步骤六，验证和测试。

在完成抽取后，对系统或组件进行全面的验证和测试。确保系统或组件在移除或替换部分后仍能正常工作，并且性能有所提升。如果发现问题，及时进行调整和修复。

步骤七，识别必要和有用的部分或属性［针对指导细则（2）］。

在系统或组件中识别出对实现核心功能至关重要的部分或属性。确定哪些部分或属性对于保持系统稳定性、提高性能或降低维护成本是必要的。考虑如何进一步优化这些部分或属性，以提高整体的技术价值。

步骤八，优化和增强。

根据必要和有用的部分或属性的识别结果，制订优化和增强计划。通过改进算法、添加新功能、增强安全性或提高可扩展性等方式来增强系统或组件的整体性能。重复验证和测试过程，确保优化和增强后的系统或组件达到预期的效果。

总的来说，通过上述步骤，可以有效地应用抽取原理来解决很多问题，不仅提高了系统的可靠性和安全性，还能提升效率和用户体验。

2. 注意事项

（1）避免破坏系统核心功能。确保抽取操作不会损害系统原有的核心优势。例如，在简化产品结构时，需保留用户必需的功能模块。

（2）关注负面影响与副作用。若抽取部分与其他组件存在耦合关系，需评估其对系统稳定性的影响。例如，移除发动机部分零件可能影响动力输出。

（3）充分利用现有资源。优先利用系统内外部资源（如环境条件、超系统功能）实现抽取，以降低成本。例如，利用自然重力分离混合物。

（4）验证与测试不可或缺。抽取后需通过实验或模拟验证性能，避免理论可行但实际效果不佳。例如，药物成分分离后需验证纯度与活性。

（5）跨领域应用潜力。抽取原理不仅适用于工程领域，还可用于管理流程优化或软件设计。

通过合理应用抽取原理，可在减少系统复杂度、降低成本的基础上，实现功能优化与创新突破。在实际应用中，需结合具体场景灵活调整步骤，并始终以最终理想解为导向，确保系统在保持优点的前提下消除缺陷。

4.1.3 案例分析

1. 案例

假设在飞机设计过程中，工程师们遇到了一个技术难题：如何在保持飞机结构强度的同时，减轻飞机重量，以提高燃油效率和飞行性能（见图4-2）。

图4-2　减轻飞机重量

2. 分析求解

步骤一，问题识别。

如何在保持飞机结构强度的同时，减轻飞机重量。

步骤二，分析系统或组件。

分析飞机结构，包括机身、机翼、尾翼等部分。识别各个部分的功能、属性以及它们之间的相互作用。

步骤三，识别负面影响的部分或属性［指导细则（1）］。

识别出增加飞机重量的部分或属性，如过重的材料、不必要的结构冗余等。分析这些部分或属性对飞机性能的具体影响，如降低燃油效率、减少载重能力等。

步骤四，制订抽取计划。

制订详细的抽取计划，包括移除或替换哪些部分或属性。考虑替代方案，如使用更轻的材料、优化结构设计等。

步骤五，实施抽取。

按照抽取计划开始行动，逐步从飞机结构中移除或替换过重的部分或属性。例如，使用碳纤维复合材料替代传统的铝合金材料，减轻机身重量。在实施过程中，保持与团队的紧密沟通，确保所有相关人员了解变更的内容和进度。

步骤六，验证和测试。

在完成抽取后，对飞机进行全面的验证和测试。确保飞机在移除或替换部分后仍能保持足够的结构强度，并且性能有所提升。如果发现问题，及时进行调整和修复。

步骤七，识别必要和有用的部分或属性［指导细则（2）］。

在飞机结构中识别出那些对保持结构强度至关重要的部分或属性。例如，主梁、翼肋等结构元素对于维持机翼的形状和强度至关重要。确定这些部分或属性是否需要进行进一步的优化或增强。

步骤八，优化和增强。

根据必要和有用的部分或属性的识别结果，制订优化和增强计划。例如，通过改进连接件的设计，减少结构中的应力集中现象，进一步提高结构强度。重复验证和测试过程，确保优化和增强后的飞机达到预期的效果。

步骤九，文档化和总结。

将整个抽取、优化和增强的过程文档化，包括所做的更改、遇到的问题以及解决方案。总结经验教训，以便在未来遇到类似技术难题时能够快速有效地应对。

步骤十，持续监控和改进。

在飞机投入使用后，持续监控其性能和结构强度。收集飞行数据、用户反馈等信息，以便及时发现潜在问题并进行改进。根据需要调整和优化飞机的部分或属性，以保持其最佳状态。

通过以上流程，工程师们成功地利用抽取原理解决了飞机设计中的技术难题，实现了在保持结构强度的同时减轻飞机重量的目标。

4.1.4 思考题

以下是依据抽取原理提供的三个思考题，每个思考题都将从背景、分析和提示三个角度展开。

思考题 1：优化产品功能

背景：某公司开发了一款智能家居设备，具有多种功能，如温度控制、照明控制、音乐播放等。然而，随着市场的变化和用户需求的变化，公司发现部分功能使用频率较低，且维护成本较高。为了提升用户体验并降低维护成本，公司希望优化产品功能。

分析：列出智能家居设备的所有功能，并收集用户使用数据，了解各功能的使用频率和重要性。分析使用频率低且维护成本高的功能，评估其是否对用户体验有实质性影响。考虑从产品中抽取这些功能，或将其合并、简化，以减轻产品负担。

提示：在分析过程中，可以使用四象限法（重要性 – 紧急性矩阵）来评估每个功能。抽取功能时，要确保不影响产品的核心价值和用户体验。可以考虑将抽取出的功能作为可选的附加服务或插件，供有需要的用户选择。

思考题 2：精简软件界面

背景：一款流行的手机应用拥有复杂的用户界面，包含了大量的按钮、图标和菜单选项。用户反馈显示，界面过于复杂，导致使用效率低下，且容易出错。为了提高用户满意度和易用性，开发者希望精简软件界面。

分析：仔细观察和分析现有界面，识别出冗余、不常用或功能重复的按钮、图标和菜单选项。根据用户需求和使用习惯，评估这些元素对用户体验的影响程度。制定精简策略，如合并相似功能、隐藏不常用选项、使用更简洁的图标等。

提示：在精简过程中，可以进行用户访谈或问卷调查，了解用户对现有界面的看法和建议。可以使用原型设计工具制作精简后的界面原型，并邀请用户进行测试和反馈。确保精简后的界面仍然满足用户的基本需求，并提供清晰的导航和操作指引。

思考题 3：减少物料消耗

背景：一家生产塑料包装制品的工厂发现，在生产过程中存在较大的物料浪费现象。为了降低成本并响应环保要求，工厂希望减少物料消耗。

分析：评估现有生产流程，识别出导致物料浪费的关键环节和因素。分析物料浪费的具体原因，如设计冗余、切割损失、生产过程中的浪费等。制定减少物料消耗的策略，如优化产品设计、改进切割工艺、提高生产效率等。

提示：可以使用数据分析工具来跟踪和分析物料消耗情况，找出浪费的根源。在制定减少物料消耗的策略时，充分考虑生产成本、产品质量和环保要求之间的平衡。可以引入新技术或设备来改进生产流程，提高物料利用率。

4.2 组合原理

4.2.1 原理介绍

1. 原理概念

组合原理的核心思想在于通过组合不同的物体、部分、属性或功能，来创造新的解决方案或产品。这一原理强调"1+1>2"的效应，即通过将两个或多个看似不相关的元素进行有机结合，能够产生出超越原有元素简单相加的新价值或功能。

2. 具体指导细则

（1）在空间上将相同或相近的物体或操作加以组合（见图4-3）。

图4-3　多功能厅

（2）在时间上将物体或操作连续化或并列进行（见图4-4）。

图4-4　同时分析多个血液参数的医疗诊断仪

3. 组合原理的应用

组合原理作为TRIZ理论中的核心发明原理之一，不仅在技术创新领域发挥着重要作用，还在商业策略、组织管理、产品设计等多个领域展现出广泛的应用价值。

比如在商业策略方面，企业可以将多种服务进行组合，形成套餐服务，以满足客户的多元化需求。组织管理领域，在项目管理或团队建设中，可以根据团队成员的专业背景、技能特长和经验等因素进行组合，形成优势互补的多元化团队。这样的团队组合有助于解决复杂问题，提高项目的成功率。

另外，产品设计中的模块化思想也是组合原理的具体应用，通过将产品分解成多个独立的模块，并根据需要进行组合和配置，可以灵活地满足不同客户的个性化需求。在市场营销领域，品牌联合是指两个或多个品牌通过某种方式进行合作，共同推广产品或服务。这种合作可以基于品牌之间的互补性、共同目标或市场需求等因素进行组合，以达到增强品牌影响力、扩大市场份额的目的。

综上所述，组合原理的应用不仅限于技术创新领域，还可以扩展到商业策略、管理方法等多个方面。通过创造性地组合现有资源、技术和知识，企业或个人能够开辟新的市场、提升竞争力，实现跨越式的发展。

4.2.2 组合原理解决问题的具体操作步骤及注意事项

1. 组合原理解决问题的具体步骤

步骤一，问题识别。

明确需要解决的问题，包括问题的背景、现状、影响等。确保对问题有清晰而全面的认识。

步骤二，问题分析。

通过深入分析问题的本质、矛盾点和关键要素，找出问题的根源。此阶段可能需要运用 TRIZ 理论中的因果链、功能模型等工具来辅助分析。

步骤三，识别组合对象。

在问题分析的基础上，识别出可能通过组合来解决问题的对象或元素。这些对象可以是不同的技术、产品、服务、流程、属性或功能等。

步骤四，探索组合可能性。

思考并探索这些对象或元素之间的组合方式。考虑它们在空间、时间、功能或属性上进行组合的可能性。可以运用头脑风暴、类比思考等方法来激发创意。

步骤五，构建组合方案。

根据探索出的组合可能性，构建具体的组合方案。这些方案应该能够解决或缓解原始问题，并可能带来额外的价值或优势。

步骤六，评估与选择方案。

对构建出的组合方案进行评估，考虑可行性、有效性、成本、市场需求等因素。结合 TRIZ 理论中的打分细则和专业领域的打分细则进行评价，选择最优方案。

步骤七，实施与验证。

将选定的组合方案付诸实践。对实施后的效果进行验证，评估其是否达到了预期目标。

2. 注意事项

（1）深入理解问题。在使用组合原理之前，必须确保对问题有深入而全面的理解。只有准确识别出问题的根源和关键要素，才能有效地运用组合原理来解决问题。

（2）避免盲目组合。组合原理并不意味着随意地将不同元素进行组合。必须根据问题的实际情况和需求来探索合理的组合方式。避免生搬硬套或盲目追求新奇而忽视实际效果。

（3）注重创新性与实用性。在构建组合方案时，既要注重创新性以突破传统思维的束缚，又要注重实用性以确保方案的可行性和有效性。创新性与实用性并重是成功运用组合原理的关键。

通过以上步骤和注意事项的运用，可以更有效地在 TRIZ 理论中使用组合原理来解决问题并推动创新。

4.2.3 案例分析

1. 案例

随着社交媒体的发展，用户对智能手机拍照功能的要求越来越高。当前智能手机在拍照方面存在画质不够清晰、夜景拍摄效果差、变焦能力有限等问题，无法满足用户拍照的需求。现有的手机摄像头传感器尺寸较小，光学变焦倍数有限，图像处理算法不够优化。

2. 分析求解

步骤一，问题识别。

当前市场上智能手机所配备的拍照功能尚不能完全契合用户对高质量摄影的要求。问题定义：为了响应用户对高质量拍照体验的追求，探索智能手机在拥有高效无线通信技术的基础上，还有哪些潜在的设备互联互通方案能够进一步满足这一需求，并评估其可行性（见图 4-5）。

图 4-5　提升智能手机的拍照功能

步骤二，问题分析。

运用因果链分析，发现画质不清晰主要是由于传感器像素低、镜头光学性能不足；夜景拍摄差是因为低光环境下进光量少、噪点控制不佳；变焦能力有限是因为光学变焦结构复杂、成本高。

功能模型分析显示，图像采集、处理和存储等功能模块之间的协同不够高效。

步骤三，识别组合对象。

可组合的对象包括不同类型的摄像头传感器（如 CMOS、CCD）、多种镜头（如广角、长焦、超广角）、新的图像处理芯片、先进的光学变焦技术、人工智能图像增强算法等。

步骤四，探索组合可能性。

在空间上，组合多个不同焦距的镜头，实现多倍光学变焦和混合变焦。

在时间上，利用不同曝光时间拍摄多张照片，通过算法合成一张高质量夜景照片。

在功能上，将人工智能算法与传统图像处理技术组合，提升画质和优化场景识别。

步骤五，构建组合方案。

方案一，采用大尺寸 CMOS 传感器搭配高像素镜头，同时配备 3 个不同焦距的镜头（广角、长焦、超广角），实现 5 倍光学变焦和 10 倍混合变焦。

方案二，研发新的图像处理芯片，结合人工智能算法，在拍摄时实时优化图像，提高画质和色彩还原度。

方案三，在手机背面增加专门的夜景拍摄镜头，配合大光圈和长曝光控制，提升夜景拍摄效果。

步骤六，评估与选择方案。

评估方案一的可行性，考虑成本、手机厚度和重量的增加；有效性方面，光学变焦能力和画质提升明显。方案二的成本相对较低，但对算法研发要求高，效果取决于算法的优化程度。方案三专门针对夜景拍摄，能有效提升夜景效果，但可能会影响手机外观设计。综合考虑，选择方案一和方案二的组合。

步骤七，实施与验证。

按照选定的方案进行研发和生产。对新推出的手机进行拍照功能测试，收集用户反馈。验证发现拍照画质明显提升，夜景效果出色，变焦能力满足用户需求，达到了预期目标。

在整个解决流程中，保持对问题的持续关注和理解，确保解决方案的针对性和有效性。在探索组合可能性和构建组合方案时，充分利用 TRIZ 理论提供的工具和方法（如因果链、功能模型、矛盾矩阵等），以激发创新思维并找到最优解。在实施和验证阶段，注重与用户的沟通和反馈，以便及时调整方案并满足用户需求。

4.2.4 思考题

以下是依据组合原理提供的三个思考题，每个思考题都将从背景、分析和提示三个角度展开。

思考题 1：缓解城市交通问题

背景：随着城市化进程的加速，城市交通拥堵问题日益严重。传统的单一交通方式往往难以满足市民的出行需求，导致交通效率低下和环境污染加剧。

分析：城市交通是一个复杂的系统，涉及多种交通方式。组合原理提示我们，可以考虑将不同的交通方式进行有机组合，形成多元化的交通体系，以提高交通效率和出行便利性。

提示：思考如何将公共交通（如地铁、公交、共享单车）和私人交通进行有效组合，形成互补的交通网络，以缓解城市交通拥堵问题。

思考题 2：教学方式创新

背景：在教育领域，传统的教学方式往往侧重于知识的传授，而忽视了培养学生的实践能力和创新思维。

分析：教育是一个多维度的过程，涉及知识的传授、技能的培养和素质的提升。组合原理提示我们，可以将不同的教学方法和手段进行组合，以培养学生的综合能力。

提示：思考如何将课堂教学、实验实践、项目合作和自主学习等不同的教学方式进行组合，形成多元化的教学模式，以提升学生的实践能力和创新思维。

思考题 3：提供更全面的健康管理服务

背景：在健康管理领域，单一的健康监测手段往往难以全面反映个体的健康状况。

分析：健康管理是一个综合性的任务，涉及生理、心理和社会等多个层面。组合原理提示我们，可以将不同的健康监测手段和管理方法进行组合，以提供更全面的健康管理服务。

提示：思考如何将生理指标监测、心理评估、生活方式干预和社交支持等不同的健康管理手段进行组合，形成个性化的健康管理方案，以提升个体的健康水平。

4.3 反馈原理

4.3.1 发明原理

1. 原理概念

反馈原理是指通过引入反馈或改变已有的反馈机制来改进系统或产品的性能。反馈原理的核心思想是利用系统或过程中的相关信息来调整和优化系统，以达到更好的性能或解决特定的问题。

2. 具体指导细则

（1）引入反馈以改善过程或动作（见图4-6）。

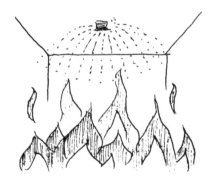

图4-6　用于探测火与烟的热／烟传感器

（2）如果反馈已经存在，改变反馈控制信号的大小或灵敏度（见图 4-7）。

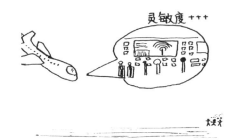

图 4-7　飞机接近机场时改变自动驾驶系统的灵敏度

3. 反馈原理的应用

反馈原理在众多行业发挥着重要作用。在工业生产中，自动化控制系统通过传感器收集生产过程中的各种数据，如温度、压力、速度等，并将这些数据反馈给控制器。控制器根据反馈信息调整生产设备的运行参数，以确保产品质量的稳定性。例如，在汽车制造流水线上，通过对焊接过程中的电流、电压等参数进行实时反馈和调整，保证焊接质量的一致性。

在电子通信领域，反馈原理用于信号的放大和稳定。放大器根据输出信号的强度进行反馈调节，使输出信号保持在期望的范围内，减少失真。比如手机的信号接收和发射系统，会根据接收信号的强弱反馈给基站，基站再进行相应的功率调整，保障通信的顺畅。

在医疗行业，医疗器械如心脏起搏器通过监测心脏的跳动频率和节律，将信息反馈给起搏器，从而调整刺激心脏的电脉冲，维持心脏的正常跳动。

总之，反馈原理能够让系统根据实际情况进行自我调整和优化，提高系统的可靠性和适应性，为各个行业的发展带来了显著的效益。

4.3.2 反馈原理解决问题的具体操作步骤及注意事项

1. 反馈原理解决问题的具体步骤

步骤一，问题识别。

清晰地定义问题，包括问题的背景、现状、影响等。确保所有相关人员对问题有共同的理解。

步骤二，问题分析。

深入分析问题的本质、矛盾点和关键要素，找出问题的根源。在这一步中，识别出哪些参数或指标是解决问题的关键，这些参数或指标将作为反馈控制的基础。

步骤三，设计反馈机制。

根据问题的特性和关键参数，设计合适的反馈机制。这可能包括选择合适的传感器、监测设备或数据采集方法，以确保能够实时、准确地获取问题相关的参数信息。

步骤四，建立反馈模型。

将反馈机制与问题系统相结合，建立反馈模型。在模型中，明确系统的输入、输出以及反馈路径，确保反馈信息的有效传递和处理。

步骤五，应用 TRIZ 工具。

利用 TRIZ 提供的工具，如矛盾矩阵、发明原理等，分析并优化反馈模型。通过查找矛盾矩阵，找到针对问题的创新原理，以改进反馈机制或系统本身。

步骤六，实施反馈控制。

将优化后的反馈模型应用于实际问题中，实施反馈控制。根据反馈信息的实时变化，调整系统的输入或控制参数，以消除或减小偏差，实现问题的有效解决。

步骤七，效果验证与总结：对实施后的效果进行验证，评估反馈原理在问题解决中的效果。总结经验和教训，为后续类似问题的解决提供参考。

2. 注意事项

（1）确保反馈信息的准确性。反馈信息的准确性直接影响到问题解决的效果。因此，在选择传感器、监测设备时，需要确保其具有足够的精度和可靠性。

（2）合理设置反馈参数。反馈参数的设置应根据问题的特性和目标进行合理选择。参数设置不当可能导致系统振荡、不稳定无法达到预期效果。

（3）考虑反馈系统的延迟。反馈系统通常存在一定的延迟，包括传感器响应时间、数据传输时间等。在设计反馈机制时，需要考虑这些延迟对系统性能的影响，并采取相应的补偿措施。

（4）避免过度控制。过度控制可能导致系统响应过于灵敏，反而影响系统的稳定性。因此，在调整控制参数时，需要权衡系统的稳定性和响应速度。

（5）持续监测与调整。反馈系统是一个动态系统，需要持续监测其性能和效果。在应用过程中，应根据实际情况进行必要的调整和优化，以确保系统始终处于最佳状态。

通过以上步骤和注意事项，可以有效地利用 TRIZ 中的反馈原理解决复杂问题，提高系统的性能和稳定性。

4.3.3 案例分析

1. 案例

某医疗设备制造商生产的医疗设备需要维持恒定的温度环境以确保治疗效果。然而，现有的温控系统存在温度波动大、响应速度慢等问题，影响了设备的稳定性和治疗效果。现应用反馈原理对上述问题进行求解。

2. 分析求解

步骤一，问题识别。

问题描述：医疗设备温控系统温度波动大，响应速度慢，影响设备稳定性和治疗效果（见图 4-8）。

图 4-8　提高医疗设备温控系统的稳定性

问题定义：需要设计一个更加稳定、响应速度更快的温控系统，确保医疗设备内部温度维持在预设范围内。

步骤二，问题分析。

分析本质：温控系统的不稳定主要源于传感器精度不足、控制算法不够优化以及系统延迟较大。

识别矛盾点：精度与成本的矛盾（高精度传感器成本较高），响应速度与系统复杂性的矛盾（提高响应速度可能增加系统复杂度）。

步骤三，设计反馈机制。

选择传感器：选用高精度、低延迟的温度传感器，确保实时、准确地获取设备内部温度信息。

建立反馈路径：将传感器采集的温度信息实时传输给控制器，控制器根据预设的温度范围和目标值进行比较，生成控制信号。

引入补偿机制：考虑系统延迟和外部环境变化，在控制算法中引入补偿机制，提高系统的稳定性和响应速度。

步骤四，建立反馈模型。

构建系统模型：将温控系统看作一个整体，包括传感器、控制器和执行机构等部分。

描述反馈过程：明确输入（预设温度范围和目标值）、输出（实际温度）以及反馈路径（温度信息传输和控制信号生成）。

步骤五，应用 TRIZ 工具。

查找矛盾矩阵：利用 TRIZ 的矛盾矩阵，查找与"精度与成本""响应速度与复杂性"相关的发明原理。

步骤六，优化设计方案。

根据找到的发明原理，对温控系统进行优化设计。例如，采用成本效益更高的传感器替代方案，或改进控制算法以减少系统复杂性同时提高响应速度。

步骤七，实施反馈控制。

部署新系统：将优化后的温控系统部署到医疗设备中。

调试与测试：对新系统进行调试和测试，确保各项功能正常运行且满足设计要求。

步骤八，效果验证与总结。

效果验证：通过实际运行和监测数据验证新温控系统的稳定性和响应速度是否有所提升。

总结经验：总结在解决过程中遇到的问题、采取的措施以及取得的成果和经验教训。

步骤九，持续改进。

根据验证结果和用户反馈对温控系统进行持续改进和优化。

这个案例展示了如何在 TRIZ 理论的指导下，利用反馈原理解决医疗设备温控系统的问题。通过明确问题、分析矛盾、设计反馈机制、建立模型、应用 TRIZ 工具以及实施和验证解决方案等一系列步骤，最终实现了温控系统的优化升级。

4.3.4 思考题

以下是依据反馈原理提供的三个思考题，每个思考题都将从背景、分析和提示三个角度展开。

思考题 1：智能温室的温度控制

背景：在一个智能温室中，种植者希望保持室内温度在一个特定的范围内，以确保植物的最佳生长条件。然而，由于外界天气的变化和温室内部设备的运行，温度经常出现波动。

分析：目前的温度控制系统是如何工作的？是否能够及时准确地获取温度数据？当温度超出设定范围时，调整措施的效果如何？是否存在延迟或过度调整的情况？有没有引入其他因素（如湿度、光照）的反馈来优化温度控制？

提示：研究不同类型的温度传感器，选择更灵敏和准确的设备。分析历史温度数据，找出温度波动的规律，优化调整策略。探索与其他环境因素的协同反馈控制机制。

思考题 2：自动驾驶汽车的安全性提升

背景：自动驾驶汽车作为未来交通的重要发展方向，其安全性一直是公众关注的焦点。如何确保自动驾驶汽车在复杂多变的道路环境中稳定运行，避免交通事故的发生，这是一个极具挑战性的问题。

分析：优化感知系统。自动驾驶汽车的感知系统是其安全性的基础。通过优化传感器（如雷达、摄像头、激光雷达等）的布局和算法，提高车辆对周围环境的感知能力。

构建反馈机制。建立车辆与道路基础设施、其他车辆以及行人之间的实时通信机制，实现信息共享和协同决策。这有助于发现潜在的危险并采取相应的避让措施。

调整控制系统。基于感知和反馈信息，实时调整自动驾驶汽车的行驶速度和轨迹，确保车辆始终保持在安全状态。同时，开发紧急情况下的自动避险策略，以应对突发情况。

提示：研究如何融合多种传感器数据以提高感知系统的鲁棒性和可靠性。探索V2X（Vehicle to Everything）通信技术在自动驾驶汽车安全性提升中的应用。考虑引入人工智能和机器学习技术来优化控制算法和决策模型。

思考题 3：城市交通拥堵的监测与缓解

背景：某城市的交通拥堵问题日益严重，尽管有交通监控系统，但拥堵情况仍未得到有效改善。

分析：现有的交通监控系统提供的信息是否全面和及时？对于拥堵路段，采取的交通疏导措施是否有效？是否需要根据实时情况动态调整？如何将拥堵信息反馈给市民，引导他们合理出行？

提示：增加更多的监测点和传感器，获取更详细的交通流量数据。利用大数据和人工智能算法优化交通信号灯控制和道路规划。开发手机应用，实时推送交通拥堵信息和出行建议。

4.4 中介物原理

4.4.1 原理介绍

1. 原理概念

中介物原理指的是使用中间物体来传递或执行一个动作，或者临时把初始物体和另一个容易移走的物体结合。

2. 具体指导细则

（1）使用中介物传递某一物体或某一种中间过程（见图 4-9）。

图 4-9　管路绝缘材料

（2）将容易移动的物体与另一物体暂时结合（见图 4-10）。

图 4-10　机械手抓取重物并移动该重物到另一处

3. 中介物原理的应用

中介物原理是一种基于中介物作用的理论，它通常用于描述物质或能量通过中介物传递的过程，这一原理在多个行业领域有着广泛的应用。例如在医疗领域，临时石膏治疗骨折。骨折通常需要固定受伤部位以便骨头正常愈合，传统固定方法存在一些问题。用临时石膏作为支持性外壳可固定骨折骨头并保护它免受进一步损伤，体现了"增加一个物体以提供有用功能"的中介原理。在食品领域，真空包装通过去除包装中的空气，创造缺氧环境，减缓食品降解速度，延长保质期。在工业领域，风力发电机通过转子将风能转化为机械能，然后通过发电机将机械能转化为电能。在这个过程中，转子充当了中介物，起到了能量的转化作用。

中介物原理在传热、能量转化、信息传递、生物学以及工程技术等多个行业领域都有着重要的应用。这些应用不仅提高了系统的效率和性能，还推动了相关技术的创新和发展。通过引入中间物体或元素，能够改善系统的性能、克服矛盾或限制，从而创造性地提出更具优势的解决方案。但实际应用时，需结合具体问题和行业特点，灵活运用 TRIZ 理论的各种工具和方法。

4.4.2 中介物原理解决问题的具体操作步骤及注意事项

1. 中介物原理解决问题的具体步骤

步骤一，问题识别。

清晰地定义待解决的问题，确定问题的具体表现、影响范围及期望的解决效果。

步骤二，分析问题。

找寻问题的本质，分析是否存在需要中介物来传递或执行动作的场景。评估现有系统或过程中是否存在效率低下、成本高昂或难以实现的问题点，这些问题点可能正是中介物原理可以发挥作用的地方。

步骤三，应用中介物原理。

根据中介物原理的核心理念，即使用中间物体来传递或执行一个动作，设计或选择适当的中介物。思考中介物如何能够优化现有系统或过程，减少直接执行动作的风险、难度或成本。

步骤四，生成解决方案。

基于中介物原理，生成具体的解决方案。这些方案应详细描述中介物的选择、作用方式、预期效果及实施步骤。可以利用 TRIZ 理论中的其他工具和方法（如物场分析、矛盾矩阵等）来辅助生成解决方案。

步骤五，评估与选择。

对生成的解决方案进行评估，包括技术可行性、经济成本、实施难度等方面。选择综合评分最高的解决方案作为最终方案。

步骤六，实施与验证。

按照最终方案实施改进措施，并在实际环境中进行验证。收集数据以评估改进效果，确保问题得到有效解决。

2. 注意事项

（1）深入理解原理。在应用中介物原理之前，需要深入理解其核心理念和适用范围。只有对原理有深入的理解，才能在实际问题中灵活运用。

（2）结合实际情况。每个问题都有其独特的背景和条件，因此在应用中介物原理时，必须结合实际情况进行分析和判断。避免生搬硬套，确保解决方案的针对性和有效性。

（3）注重评估与反馈。在实施解决方案后，需要注重评估与反馈。通过收集数据来评估改进效果，并根据反馈进行必要的调整和优化。这样可以确保解决方案的有效性和适应性。

4.4.3 案例分析

1. 案例

在 TRIZ 理论中使用中介物原理解决实际问题的案例，我们可以考虑一个工业制造中的具体应用：自动化生产线上的物料传输系统优化。

2. 分析求解

步骤一，问题识别。

某自动化生产线上的物料传输系统存在传输效率低下、易堵塞和损坏物料的问题，影响了生产线的整体效率和产品质量（见图 4-11）。

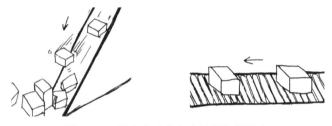

图 4-11　提高自动化生产线的传输效率

步骤二，分析问题。

现有传输系统采用直接接触式传输，物料之间及物料与传输带之间的摩擦力大，导致传输速度受限。传输过程中，物料易受到冲击和挤压，造成损坏。传输带磨损严重，维护成本高。

步骤三，识别中介物需求。

为了降低物料之间的直接接触，减少摩擦和冲击，需要引入一种中介物来优化传输过程。

步骤四，应用中介物原理。

设计中介物：设计一种滚动式传输中介物，如使用带有滚轮的托盘或滑轨系统。中介物（滚轮或滑轨）应能够平稳地支撑物料，并减少物料与传输带之间的直接接触。

作用方式：物料被放置在带有滚轮的托盘上，托盘随传输带移动。滚轮的设计应使得物料在传输过程中能够保持相对静止，减少与传输带的摩擦和冲击。

步骤五，生成解决方案。

替换现有传输带为带有滚轮托盘的传输系统。滚轮托盘采用耐磨材料制成，以降低磨损和维护成本。引入智能控制系统，实时监测传输速度和物料位置，确保传输过程的稳定性和传输效率。

步骤六，评估与选择。

对新传输系统的技术可行性、经济成本、实施难度等方面进行评估。对比传统传输系统，分析新系统在传输效率、物料损坏率、维护成本等方面的改进效果。

综合评估结果，选择新传输系统作为最终方案。

步骤七，实施与验证。

实施：按照设计方案对生产线进行改造，安装新的传输系统。对操作人员进行培训，确保他们能够熟练操作新系统。

验证：在实际生产环境中对新系统进行测试，收集数据以评估其性能。对比改造前后的生产效率、物料损坏率等指标，验证新系统的有效性。

4.4.4 思考题

以下是依据中介物原理提供的三个思考题，每个思考题都将从背景、分析和提示三个角度展开。

思考题 1：准确快速移动零件

背景：在一些工厂的生产线上，需要将小型零件从一个工位快速、准确地移动到另一个工位，但直接人工搬运效率低下且容易出错。

分析：直接搬运零件存在困难，可引入中介物来解决。中介物需要能够快速、准确地抓起并移动零件，同时要与生产线的其他部分兼容。

提示：考虑使用一种带有真空吸附装置的机械臂作为中介物。真空吸附装置可以轻松地吸起小型零件，机械臂则可以按照预设的路径将零件快速、准确地移动到指定位置。这样可以提高生产效率，减少人为错误。

思考题 2：安全检查人体体内器官

背景：在医疗领域，医生需要对某些体内器官进行检查，但直接接触可能会造成伤害。

分析：不能直接接触目标器官，需要一个中介物来辅助检查。这个中介物要能够安全地进入体内，并提供清晰的器官图像或相关信息。

提示：利用可吞服的微型胶囊内窥镜作为中介物。这种胶囊内窥镜体积小，可以被患者吞服后进入体内。它带有摄像装置，能够拍摄器官内部的图像，并通过无线传输技术将图像传送到体外的接收设备上，供医生诊断。

思考题 3：如何提高图书馆书籍分类的效率与准确性

背景：在图书馆中，大量的书籍需要分类整理和存放，但人工分类耗时费力，且容易出现混乱。

分析：直接人工分类书籍存在困难，可借助中介物来提高效率和准确性。中介物要能够识别书籍的类别特征，并将其存放到相应的位置。

提示：使用带有智能识别系统的自动分类书架作为中介物。通过在书架上安装扫描装置，对书籍上的条码、标签或其他标识进行扫描识别，然后根据预设的分类规则，利用机械装置将书籍自动存放到对应的区域。这样可以大大减轻图书馆工作人员的分类工作量，提高图书管理的效率和准确性。

4.5 自服务原理

4.5.1 原理介绍

1. 原理概念

自服务原理（Self-Service Principle）主要关注的是如何通过设计使得物体能够自我维护、自我修复或自我服务，从而减少人工干预，提高系统的自主性和可靠性。

2. 具体指导细则

（1）使某一物体产生自己服务于自己的附加功能（见图 4-12）。

图 4-12　自吸附涂层

（2）利用废弃的材料、能量与物质（见图 4-13）。

图 4-13　利用太阳能

3. 自服务原理的应用

自服务强调让系统尽量减少对环境特别是其他系统的依赖。这一原理在理想系统中是一个重要部分，自然界中的物体在一定程度上也是自服务原理的践行者。例如，自服务帐篷只要松开它一抛，瞬间就能完成自我搭建，轻松便捷，体现了物体自我服务的功能特点。在一些生产场景中，利用设备自身运转产生的能量或废料来进行自我维护或辅助操作，也符合自服务原理。例如在宇宙空间站上的封闭生态系统，利用系统内部的物质和能量循环，实现空气净化、水的再生等功能，减少对外部资源的依赖，是自服务原理的典型应用。发电过程中的热能取暖也是自服务原理的体现，发电厂在发电时会产生大量热能，将这些热能收集起来用于取暖，提高了能源的综合利用率，属于利用废弃能量的自服务。

需要注意的是，从自服务原理的表述来看，工程领域的这种自服务还不能完全等同于自动化（智能化），它更多是告诉人们如何巧妙地利用自然中的物理、化学或几何效应（如重力、水力、毛细管等）来达成目标。在软件设计和编程方面，尽量让系统（对象）自服务，可以降低系统的复杂性，增加系统的可管理性。例如，一些软件可以自动检测和修复部分错误，或者自动进行数据备份和更新等操作。

总的来说，自服务原理强调让系统尽量减少对环境特别是其他系统的依赖，通过巧妙地利用自然中的物理、化学或几何效应等，实现自我服务、自我维护以及对废弃材料和能量的有效利用，从而提高系统的效率、降低成本，并增强其可持续性。

4.5.2 自服务原理解决问题的具体操作步骤及注意事项

1. 自服务原理解决问题的具体步骤

步骤一，问题识别。

明确要解决的问题，包括问题的背景、现状、影响等。确定问题是否涉及物体或系统的自我维护、自我修复或自我服务需求。

步骤二，问题分析。

通过深入分析问题的本质、矛盾点和关键要素，找出问题的根源。评估现有系统或物体在自我服务方面的不足和潜在改进点。

步骤三，问题模型化。

将问题抽象化，构建问题模型，便于后续的分析和解决。识别哪些部分或功能可以通过自服务原理进行优化或改进。

步骤四，资源分析。

分析可用的资源，包括技术、设备、人员等，以确定实现自服务功能的可行性。识别系统内外可能支持自服务功能的资源或技术。

步骤五，应用自服务原理。

根据自服务原理，设计或改进物体，使其具备自我维护、自我修复或自我服务的能力。考虑如何集成传感器、控制系统、算法等以实现自动检测和修复功能。

步骤六，解决方案的生成与评价。

基于 TRIZ 理论的核心原理和方法，如矛盾矩阵、发明原理等，生成多个可能的解决方案。对生成的解决方案进行评估，选择最优方案，并进行必要的优化。

步骤七，解决方案的实施。

将选定的解决方案付诸实践，实施解决方案。在实施过程中进行监控和调整，以确保自服务功能的有效性和可靠性。

步骤八，效果验证与总结。

对实施后的效果进行验证，评估自服务功能是否达到预期目标。总结经验和教训，为后续类似问题的解决提供参考和借鉴。

2. 注意事项

（1）深入理解自服务原理。在应用自服务原理之前，需要深入理解其概念和原理，以便在实际问题中灵活运用。

（2）结合实际情况。每个问题都有其独特的背景和条件，因此在应用自服务原理时，必须结合实际情况进行分析，避免生搬硬套。

（3）技术可行性评估。在设计自服务功能时，需要评估技术可行性，确保所选方案在现有技术条件下能够实现。

（4）成本效益分析。考虑自服务功能的实现成本和维护成本，以及其对系统整体性能和可靠性的提升效果，进行成本效益分析。

（5）持续改进。自服务功能的实现可能是一个迭代的过程，需要在实际应用中不断收集反馈，进行持续改进和优化。

通过以上步骤和注意事项，可以更有效地在 TRIZ 理论中使用自服务原理解决问题，提升系统的自主性和可靠性。

4.5.3 案例分析

1. 案例

智能家居中智能冰箱的自服务解决方案。

2. 分析求解

步骤一，问题识别。

问题描述：智能家居市场中的智能冰箱虽然具备多种智能功能，但在长期使用过程中，常因内部结霜、异味、部件磨损等问题影响使用效果，且用户难以自行解决，需要定期请专业人员维护。为了提高用户体验，减少维护成本，需要设计一种具备自服务功能的智能冰箱（见图 4-14）。

问题定义：设计一款能够自我清洁、自我检测和自我修复的智能冰箱，以减少人工维护需求，提高使用便利性和可靠性。

图 4-14　智能家居中智能冰箱的自服务解决方案

步骤二，问题分析。

分析关键要素：冰箱内部结霜问题；食物存放产生的异味；部件磨损导致的性能下降；用户难以自行检测和修复故障。

识别矛盾点：冰箱需要保持清洁和新鲜，但用户可能无法及时或有效进行维护。冰箱部件磨损是正常现象，但频繁的人工维修增加了成本和时间。

步骤三，问题模型化。

构建问题模型：将智能冰箱视为一个系统，其内部包括制冷系统、存储系统、传感系统和控制系统等。自服务功能需要集成到这些子系统中，以实现自我清洁、自我检测和自我修复。

识别改进点：在制冷系统中加入自动除霜功能。在存储系统中集成空气净化模块。在传感系统中增加故障检测传感器。在控制系统中引入智能算法，用于分析和处理传感数据，并触发相应的自服务操作。

步骤四，资源分析。

技术资源：现有自动除霜技术、空气净化技术、传感器技术和智能控制算法。智能家居平台的集成能力和数据交互能力。

设备资源：智能冰箱硬件平台，包括制冷模块、存储模块、传感模块和控制模块。必要的外部设备，如空气净化器、除霜加热器等。

人力资源：智能家居产品研发团队，包括硬件工程师、软件工程师和测试工程师。外部合作伙伴，如传感器供应商、空气净化器制造商等。

步骤五，应用自服务原理。

自动除霜功能：通过温度传感器和湿度传感器监测冰箱内部状态，当检测到结霜达到一定程度时，自动启动除霜程序，利用加热器融化冰霜并通过排水系统排出。

空气净化功能：在冰箱内部安装空气净化模块，定期或根据空气质量自动启动，吸附和分解食物产生的异味和细菌。

故障检测与预警：通过集成多种传感器（如温度传感器、压力传感器、振动传感器等）监测冰箱各部件的运行状态，一旦检测到异常，立即向控制系统发送信号，并通过手机 App 通知用户。

自我修复尝试：对于某些可预见的轻微故障（如电路接触不良），控制系统可以尝试自动复位或调整参数来恢复功能。若无法自动修复，则提供详细的故障信息和维修建议。

步骤六，解决方案的生成与评价。

生成解决方案：根据上述设计思路，制订详细的实施方案，包括硬件选型、软件编程、系统集成和测试计划等。

评价解决方案：评估自服务功能的实现难度和成本。预测自服务功能对用户体验的提升效果。比较不同方案之间的优缺点，选择最优方案。

步骤七，解决方案的实施。

按照实施方案进行硬件采购和软件开发。在实验室环境下进行系统集成和初步测试。邀请目标用户进行试用测试，收集反馈意见。根据反馈意见对解决方案进行优化和调整。完成最终测试并准备量产。

步骤八，效果验证与总结。

验证智能冰箱的自服务功能是否能够有效减少人工维护需求。通过用户调查和数据分析评估自服务功能对用户体验的提升效果。监测智能冰箱在使用过程中的故障率和维修成本变化情况。

总结自服务功能设计和实施过程中的经验教训。评估自服务原理在智能家居领域的应用价值和潜力。为后续类似问题的解决提供参考和借鉴。

4.5.4 思考题

以下是依据自服务原理提供的三个思考题，每个思考题都将从背景、分析和提示三个角度展开。

思考题 1：自动驾驶汽车的自我维护系统设计

背景：随着自动驾驶技术的快速发展，自动驾驶汽车逐渐进入市场。然而，这些高度复杂的系统如何在没有人工干预的情况下保持长期稳定运行，成为了一个关键问题。

分析：自动驾驶汽车需要应对各种复杂的道路和交通环境，其传感器、计算机系统和机械部件都可能因长期使用而磨损或故障。设计一个能够自我检测、自我诊断和自我维护的系统，对于确保自动驾驶汽车的安全性和可靠性至关重要。

提示：思考如何集成多种传感器以实时监测车辆各部件的状态。研究智能算法在故障预测和诊断中的应用。探索如何结合物联网技术实现远程维护和软件更新。

思考题 2：智能家居中的自我清洁家电研发

背景：智能家居产品日益普及，但家电清洁仍是一项烦琐的任务。传统家电需要用户手动清洁，不仅耗时耗力，还可能影响家电的使用寿命。

分析：开发具有自我清洁功能的家电产品，可以减轻用户的负担，提高生活品质。这要求产品在设计时就要考虑如何集成清洁系统，使其能够在不中断使用的情况下自动完成清洁任务。

提示：研究不同家电产品的清洁需求和特点。探索如何利用机器人技术和传感器实现自动清洁。考虑如何在不牺牲性能的前提下，将清洁系统集成到家电产品中。

思考题 3：工业机器人的自我修复能力提升

背景：工业机器人在制造业中扮演着越来越重要的角色，但一旦出现故障，往往需要停机维修，影响生产效率。

分析：提升工业机器人的自我修复能力，可以缩短停机时间，提高生产线的整体效率和稳定性。这要求机器人在设计时就要具备故障检测、故障隔离和自我修复的能力。

提示：研究工业机器人的常见故障类型和修复方法。思考如何结合冗余设计和模块化设计提高机器人的自我修复能力。探索智能算法在故障预测和自主决策中的应用。

4.6 一次性用品原理

4.6.1 原理介绍

1. 原理概念

一次性用品原理，也被称为廉价替代品原理，该原理强调在质量允许的前提下，通过妥协某些非核心属性，如使用寿命、舒适性或能耗等，来用廉价的物品替代昂贵的系统或部件。这种替代旨在降低使用成本，同时保持或提升系统的基本功能。

2. 具体指导细则

用一些低成本物体代替名贵物体（见图4-15），用一些不耐用物体代替耐用物体。

图4-15　一次性纸杯子

3. 一次性用品原理的应用

一次性用品原理的应用范围广泛，不仅限于机器、工具和设备，还可以扩展到信息、能量等领域。例如，在餐饮行业中，一次性餐具的使用有效减少了清洁和储存耐用品的成本。在医疗领域，一次性注射器、手术服等医疗用品的广泛应用，不仅提高了卫生标准，还降低了交叉感染的风险。在个人卫生用品领域，各种一次性卫生用品，如卫生巾、纸尿裤、湿巾等，这些产品满足了人们对便捷性和卫生性的需求；一次性清洁用品：如塑料鞋套、清洁布等，用于特定场合的临时清洁，减少了清洁工作的复杂性和成本。在环保与可持续发展领域，随着环保意识的提高，越来越多的一次性用品开始采用生物降解材料制成，以减少对环境的污染。例如，生物降解塑料餐具和包装材料的应用正在逐渐扩大。

值得注意的是，一次性用品原理的应用需要权衡利弊，确保在降低成本的同时不产生过大的负面影响，特别是要保证产品的安全使用。此外，一次性用品的广泛使用也可能引发资源浪费和环境污染等问题，因此在推广和应用时需要谨慎考虑。总的来说，一次性用品原理是 TRIZ 理论中一种重要的创新方法，它鼓励人们在设计和开发新产品时，通过妥协某些非核心属性来降低成本，同时保持或提升产品的基本功能。

综上所述，TRIZ 理论中的一次性用品原理在多个行业领域都有着广泛的应用。它不仅能够降低生产成本和提高效率，还能够满足人们对便捷性、卫生性和环保性的需求。然而，在应用过程中也需要注意权衡利弊，确保产品的安全性和可持续性。

4.6.2 一次性用品原理解决问题的具体操作步骤及注意事项

1. 一次性用品原理解决问题的具体步骤

步骤一，问题识别。

从功能、理想解、可用资源、冲突区域等方面对问题进行深入分析。例如，确定系统或产品中存在的成本过高、维护困难等问题。明确系统中需要改进的方面以及可能产生的冲突。比如，在保证一定性能的前提下，降低成本与维持质量之间的冲突。

步骤二，确定替代方案。

基于一次性用品原理，寻找可以作为廉价替代品的物品、材料、过程或方法。思考在哪些部分可以使用相对廉价的替代品，例如用一次性产品替代可重复使用的昂贵部件，或者用简单的结构替代复杂的设计。

步骤三，评估替代的影响。

考虑使用替代品后可能在某些属性上作出的妥协，如使用寿命缩短、舒适性降低或能耗加大等。确保这些妥协不会对产品的整体性能、安全性和用户体验产生过大的负面影响。同时，也要注意使用廉价替代后，物品量的需求增加可能导致对资源需求的增加，以及可能产生的其他问题，如一次性筷子造成的资源浪费等。

步骤四，对比评价。

将通过一次性用品原理得到的解决方案与理想解进行比较，判断该方案是否不仅能够满足技术需求，还能够推进技术创新。

步骤五，具体实施。

在前面所有的理论分析工作都已完成且确认无误之后，将解决方案转化为具体实施细节并应用到实际问题当中。

2. 注意事项

（1）保证产品质量和安全性。不能因为追求廉价替代而牺牲产品的基本质量和安全性。

（2）全面考虑影响。要充分评估替代方案可能带来的各种影响，不仅仅是直接的属性变化，还包括对资源利用、环境等方面的潜在影响。

（3）避免欺骗行为。廉价替代是在降低成本的同时提供一定程度的功能和价值，不能等同于造假等欺骗行为。

（4）持续优化。即使采用了一次性用品原理的解决方案，也可以在实际应用中不断观察和改进，以寻求更优的替代方式或减少负面影响。

通过遵循上述操作步骤和注意事项，可以更有效地运用一次性用品原理解决创新问题，推动产品和技术的不断进步。

4.6.3 案例分析

1. 案例

在医院的病房中，需要频繁地为患者测量体温，但传统的水银体温计每次使用后都需要进行消毒，消毒过程较为烦琐，且可能存在消毒不彻底的风险，影响卫生安全（见图4-16）。

图4-16　传统的水银体温计

2. 分析求解

步骤一，问题识别。

该问题中存在的冲突为，体温计需要提高使用频率，但是消毒过程占用时间导致使用频率降低。确定需要解决的问题是提高体温测量的效率，同时保证卫生安全。

步骤二，确定替代方案。

采用一次性用品原理，使用一次性体温计替代传统的水银体温计。

步骤三，评估替代的影响。

寻找合适的一次性体温计。这种一次性体温计通常采用电子技术，价格相对较低，能够快速准确地测量体温。但由于使用量较大，会导致产生过量的医疗垃圾，需要考虑后续医疗垃圾的处理方式。

步骤四，对比评价。

一次性体温计在保证测量准确性的前提下，具有使用方便、无须消毒的优点。虽然其使用寿命相对较短，但可以避免交叉感染的风险，且能节省消毒的时间和人力成本。

步骤五，具体实施。

护士在为患者测量体温时，直接取出一次性体温计进行使用。使用后，将其放入专门的医疗废物垃圾桶中，按照医疗废物处理规定进行处理。

确保一次性体温计的质量和准确性，采购时选择符合相关标准的产品。同时，向患者和医护人员说明一次性体温计的使用方法和注意事项，避免误操作或乱扔造成环境污染。另外，要合理估算使用量，进行适量的储备，以满足日常需求，但也要避免过多库存造成浪费。

通过使用一次性体温计，在一定程度上提高了体温测量的效率，减少了因消毒不彻底带来的感染风险，同时也降低了医护人员的工作强度。但也要注意，一次性用品的使用可能会增加医疗废物的产生，需要加强对医疗废物的管理和处理，以保护环境。

在这个案例中，用一次性体温计替代了传统的水银体温计，虽然在体温计的使用寿命上做出了妥协（一次性体温计通常是"短命"的），但换取了使用的便利性和卫生安全性。这就是一次性用品原理的具体应用。需注意，使用一次性用品时要保证产品质量，且要考虑其可能带来的环境影响等问题。

4.6.4 思考题

以下是依据一次性用品原理提供的三个思考题，每个思考题都将从背景、分析和提示三个角度展开。

思考题 1：建筑材料遮盖保护物的选择

背景：建筑工地需要对建筑材料进行遮盖保护，现有的遮盖物清洗和存放比较麻烦，影响施工进度和场地管理。

分析：使用一次性的塑料薄膜或无纺布遮盖建筑材料可能是一个选择。一次性遮盖物使用方便，无须清洗和存放，但成本可能相对较高，且可能对环境产生一定影响。

提示：评估不同材料的一次性遮盖物的成本和防护效果，以及如何处理使用后的废弃物，以减少环境压力。

思考题 2：解决检查设备探头消毒安全问题

背景：医院的某些检查设备探头需要频繁消毒，过程复杂且影响使用效率，可能增加患者等待时间和医院运营成本。

分析：使用一次性探头护套或一次性探头可能是解决方案。一次性用品能保证卫生安全，但可能会增加医疗成本。

提示：研究一次性探头护套或探头的材质和安全性，确保其不影响检查效果，同时考虑成本控制和医保政策的影响。

思考题 3：传统绷带使用后清洗和消毒不方便问题

背景：户外探险活动中，携带的传统绷带使用后清洗和消毒不方便，影响后续使用和卫生状况。

分析：使用一次性自黏绷带或一次性无菌绷带可能更合适。一次性绷带方便携带和使用，无须处理后续清洁问题，但可能在数量和尺寸选择上有限制。

提示：考虑一次性绷带的适用伤口类型和固定效果，以及如何合理携带足够数量和不同规格的绷带。

4.7 机械系统的替代原理

4.7.1 原理介绍

1. 原理概念

机械系统的替代原理，也被称为系统替代法，是指利用物理场或其他的形式来代替机械的相互作用、装置、机构及系统。这一原理鼓励设计者跳出传统的机械思维框架，探索利用光、声、热、电、磁等物理场以及化学作用等非机械手段来实现相同或类似的功能。

2. 具体指导细则

（1）用视觉、听觉、嗅觉系统代替部分机械系统（见图 4-17）。

图 4-17　不透明镀层处理过的玻璃可以不用窗帘

（2）用电场、磁场及电磁场完成与物体的相互作用（见图 4-18）。

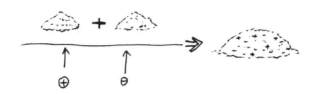

图 4-18   为了混合两种粉末，使其中一种带正电荷，另一种带负电荷

（3）将固定场变为移动场，将静态场变为动态场，将随机场变为确定场（见图4-19）。

图 4-19   记忆中所形成的地图

（4）将铁磁粒子用于场的作用之中（见图4-20）。

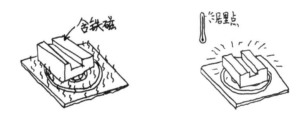

图 4-20   温度达到居里点铁磁材料变成顺磁体

3. 机械系统的替代原理的应用

机械系统替代原理在多个行业领域有着广泛的应用。这一原理鼓励设计者利用物理场、化学作用等非机械手段来替代传统的机械系统，以实现更高效、更轻便、更环保的解决方案。在制造业中，机械系统替代原理被用于优化生产线流程。例如，通过引入电磁吸附技术替代传统的机械夹具，不仅提高了生产效率，还降低了能耗和维护成本。

此外，激光切割、等离子切割等先进加工技术，也是机械系统替代原理在制造业中的具体体现。在物流行业，传统的机械传送带运输方式在一些场景下被磁力悬浮运输所替代，减少了摩擦损耗，提高了运输效率和稳定性。在医疗设备领域，该原理同样发挥了重要作用，声光报警系统、非接触式传感器等技术的引入，使得医疗设备更加智能化、人性化。在航空航天和汽车工业中，机械系统替代原理也被广泛应用。例如，利用气动或液压结构替代部分机械零部件，以减轻重量、提高性能。此外，在控制系统设计中，采用先进的电磁、光学传感器替代传统的机械传感器，提高了系统的响应速度和精度。

综上所述，机械系统替代原理在多个行业领域的应用不仅推动了技术创新和发展，还为企业带来了显著的经济效益和社会效益。

4.7.2 机械系统的替代原理解决问题的具体操作步骤及注意事项

1. 机械系统的替代原理解决问题的具体步骤

步骤一，问题识别。

清晰明确地描述需要解决的问题，包括问题出现的情境、涉及的机械系统及其具体表现。

步骤二，现有机械系统分析。

对当前存在的机械系统进行详细剖析，了解其工作原理、结构组成、能量传递方式等。确定系统中的关键部件和可能存在的限制、缺陷。

步骤三，探索替代可能性。

基于机械系统的替代原理，思考用光、电、磁、场等非机械方式替代机械相互作用的可能性。研究相关领域的新技术、新方法，获取灵感。

步骤四，方案设计。

针对替代可能性，设计具体的解决方案。包括新系统的组成、工作流程、控制方式等。

步骤五，评估与选择。

对设计的多个替代方案进行评估，考虑技术可行性、成本、效果、可靠性等因素。选择最优的替代方案。

步骤六，实验与验证。

制作原型或进行小规模实验，验证所选方案的实际效果。收集数据，分析方案的优点和不足。

步骤七，改进与优化。

根据实验结果，对方案进行必要的改进和优化。

步骤八，实施与推广。

在实际应用中全面实施优化后的方案，并进行推广应用。

2. 注意事项

（1）技术可行性。确保所提出的替代方案在当前技术水平下能够实现，避免过于理想化。

（2）成本控制。考虑替代方案的实施成本，包括设备采购、安装、维护等方面的费用。

（3）系统兼容性。新的替代系统要与原有的相关系统兼容，避免出现冲突和不匹配。

（4）可靠性与稳定性。替代方案应具备足够的可靠性和稳定性，以保证长期稳定运行。

（5）安全性。不能因为替代而引入新的安全隐患，要符合相关安全标准和规范。

（6）环境影响。考虑替代方案可能对环境产生的影响，尽量选择环保的解决方案。

4.7.3 案例分析

1. 案例

解决传统制造业中的零部件加工中的问题。

2. 分析求解

步骤一，问题识别。

某机械加工厂在生产一种复杂零部件时，使用传统的机械切削加工工艺，不仅加工精度难以保证，而且生产效率低下，废品率较高。

步骤二，现有机械系统分析。

传统加工方式依靠刀具与工件的直接接触切削，刀具磨损快，需要频繁更换和调整，而且对操作人员的技术要求高。

步骤三，探索替代可能性。

研究发现激光加工技术可以作为替代方案，利用高能量激光束进行非接触式加工。

步骤四，方案设计。

引入激光加工设备，重新设计加工工艺，通过计算机控制激光束的路径和能量。

步骤五，评估与选择。

对比激光加工和传统加工的成本、精度、效率等指标（见图 4-21），发现激光加工虽然设备投资较高，但在精度和效率上有显著优势，废品率大幅降低。

图 4-21　传统加工方式与激光加工方式

步骤六，实验与验证。

进行小批量试生产，收集加工数据，验证激光加工的效果。

步骤七，改进与优化。

根据试生产中发现的问题，优化激光加工参数和工艺流程。

步骤八，实施与推广。

全面采用激光加工技术，提高了零部件的质量和生产效率，增强了企业的市场竞争力。

4.7.4 思考题

以下是依据机械系统的替代原理提供的三个思考题，每个思考题都将从背景、分析和提示三个角度展开。

思考题 1：如何提高焊接工作生产效率和产品质量？

背景：在汽车生产线上，传统的机械手臂进行车身焊接工作时，速度较慢且精度有限，影响了生产效率和产品质量。

分析：可以考虑使用激光焊接技术来替代传统的机械手臂焊接。激光焊接具有能量集中、焊接速度快、焊缝窄、热影响区小等优点，能够提高焊接精度和效率。但激光焊接设备成本较高，对操作人员的技术要求也较高。

提示：研究激光焊接设备的投资回报率，评估其在长期生产中的成本效益。同时，为操作人员提供专业培训，确保他们能够熟练掌握激光焊接技术。

思考题 2：如何解决机械传动式织布机噪声大、维修频繁问题？

背景：在纺织工厂中，传统的机械传动式织布机在运行过程中噪声大、维修频繁，且难以适应多样化的织物生产需求。

分析：考虑采用电子控制的无梭织机替代传统的机械传动织布机。无梭织机通过电子控制系统精确控制织机的动作，能够实现高速、高效、低噪声的织造，并且可以灵活调整织造参数，适应不同织物的生产。但无梭织机的初始投资较大，对电力供应和维护技术要求高。

提示：对比无梭织机和传统织布机的长期运行成本，包括设备购置、能源消耗、维修保养等。同时，加强工厂的电力设施建设，培养专业的维护技术人员。

思考题 3：如何解决传统起重机吊运重物问题？

背景：在建筑工地上，传统的起重机通过机械结构来吊运重物，存在吊运速度慢、操作不够灵活、受场地限制较大等问题。

分析：研究使用磁悬浮吊运系统来替代传统起重机。磁悬浮吊运系统利用磁力实现重物的悬浮和移动，具有速度快、操作灵活、不受场地限制等优势。然而，磁悬浮技术目前还不够成熟，应用成本高，安全保障也存在一定挑战。

提示：深入研究磁悬浮吊运系统的技术可行性和安全性，与相关科研机构合作进行技术开发和试验。同时，制定详细的安全操作规程和应急预案。

4.8 反向作用原理

4.8.1 原理介绍

1. 原理概念

反向作用原理强调通过实施相反的动作或改变物体的运动状态来解决问题或创新设计。这一原理的核心思想在于打破常规思维，从对立面寻找解决方案。

2. 具体指导细则

（1）将问题说明中所规定的操作改为相反的操作（见图 4-22）。

图 4-22　翻转型窗户，使在屋内擦外面的玻璃成为可能

（2）使物体的运动部分静止，静止部分运动（见图 4-23）。

图 4-23　工件旋转，刀具固定

（3）使物体的位置颠倒（见图 4-24）。

图 4-24　楼上为起居室（美景），楼下为卧室（凉爽）

3. 反向作用原理的应用

反向作用原理，又称反向操作原理，强调不直接实施问题所指示的动作，而是采取相反的动作或方法。这一原理在多个行业领域都有广泛的应用。

在制造业中，反向作用原理常被用于解决装配难题。例如，当两个部件因过紧而无法分离时，传统方法可能是用力拉扯或敲打，但反向作用原理则建议尝试冷却内部部件使其收缩，从而更容易分离。这种方法不仅减少了损坏风险，还提高了工作效率。

在医疗领域，反向作用原理的应用同样显著。例如，在治疗骨折时，传统方法可能侧重于固定和支撑，但 TRIZ 理论启示我们可以从反面思考，通过增加透气性、吸水性等功能性材料，改善石膏固定带来的不透气、易潮湿等问题，从而提升患者的舒适度和康复效果。

此外，在软件设计、电子工程等领域，反向作用原理也发挥着重要作用。例如，在软件开发中，通过反向测试，即测试软件在异常或错误输入下的表现，可以发现并修复潜在的问题，提高软件的稳定性和可靠性。

综上所述，反向作用原理在多个行业领域的应用，体现了 TRIZ 理论在创造性解决问题方面的独特价值。通过反向思考，找到传统方法难以触及的解决方案，从而推动技术和产品的不断创新与发展。

4.8.2 反向作用原理解决问题的具体操作步骤及注意事项

1. 反向作用原理解决问题的具体步骤

步骤一，问题识别。

清晰地定义需要解决的问题，确定问题中的动作、物体或系统的相关特征。

步骤二，分析相反动作或状态。

思考与当前问题所指出的动作或状态相反的动作或状态。这可能包括不直接实施原动作，而是实施一个相反的动作；使物体或外部环境移动的部分静止，或让静止的部分移动；把物体上下、左右、内外等物理性质颠倒；利用相对性，变换系统组件的角色等。

步骤三，探索反向方案。

根据确定的相反动作或状态，尝试提出解决问题的反向方案。例如，对于需要分离两个套紧物体的问题，不是加热外层物体，而是冷却内层物体；对于人需要移动的情况，不是人动，而是让交通工具动，人相对静止。

步骤四，评估与筛选方案。

对提出的反向方案进行评估，考虑其可行性、有效性、成本以及可能带来的新问题等，筛选出较为合适的方案。

步骤五，实施与验证。

实施筛选出的方案，并观察其效果是否能够解决原问题，或者是否带来了新的功能、特征、作用或对象。

2. 注意事项

（1）突破惯性思维。避免受到常规思维的限制，勇于尝试相反的思路和方法。

（2）深入理解问题。确保对问题的本质有清晰的认识，这样才能更准确地找到有效的相反动作或状态。

（3）考虑实际可行性。虽然是反向思维，但提出的方案仍需具有可操作性，要考虑技术、经济、环境等方面的限制。

（4）综合其他方法。TRIZ 包含多种原理和方法，可以结合其他原理，如分割原理、局部质量原理等，以获得更全面的解决方案。

（5）持续优化改进。如果初步的反向方案效果不理想，不要轻易放弃，可以进一步优化或调整方案，或者尝试其他的反向角度。

（6）注意不可逆性。反向作用原理本身就是解的一部分，不具有可逆性质，所以在实施反向方案时，要谨慎考虑。

4.8.3 案例分析

1. 案例

如何分离两个套紧的金属管，直接拉扯很难分开。

2. 分析求解

步骤一，问题识别。

直接拉拽外管或内管都难以实现分离。

步骤二，反向思考。

不直接实施拉扯的动作，而是实施相反的动作——冷却。

步骤三，具体操作。

采用冷却的方法，比如将干冰或液氮等冷却剂涂抹在内管的表面，使其收缩。

步骤四，原理应用。

利用热胀冷缩的原理，内管遇冷收缩，与外管之间的连接变松，从而更容易实现分离（见图4-25）。

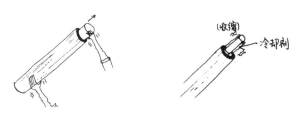

图 4-25　分离套紧的金属管

在此案例中，通过应用反向作用原理，即不按照常规的方式去解决问题，而是采取相反或颠倒的方法，找到了解决问题的新途径，实现了原本难以达到的效果。需要注意的是，在实际应用中，要充分理解问题的本质和反向作用原理的内涵，灵活运用，以找到最适合的解决方案。同时，也要考虑实际操作的可行性和安全性等因素。

4.8.4 思考题

以下是依据反向作用原理提供的三个思考题，每个思考题都将从背景、分析和提示三个角度展开。

思考题 1：提高文件查找效率

背景：在一个大型文件库中，文件数量众多，查找特定文件时需要花费大量时间。

分析：通常的做法是按照文件名或关键词进行搜索。但由于文件数量多，这种方法效率不高。

提示：尝试反向思考，不直接搜索文件名或关键词，而是对文件进行某种反向标记或分类。例如，根据文件的最后修改时间、创建者等信息，将文件进行分类或排序。这样，当需要查找特定文件时，可以先根据这些反向标记缩小范围，然后再在相应的范围内查找具体文件名或关键词。

思考题 2：解决交通拥堵问题

背景：城市交通在高峰时段常常严重拥堵，导致出行时间延长。

分析：常见的解决方法包括拓宽道路、增加公共交通等，但这些方法可能受到空间、成本等限制。

提示：运用反向作用原理来思考。比如，不是增加道路的通行能力，而是限制某些车辆在特定时间段进入拥堵区域，如实施单双号限行；或者不是让车辆都集中在同一时间出行，而是通过调整工作时间、学校上课时间等，使出行需求在时间上分散开来，从而减轻交通拥堵。

思考题 3：改善老龄人口的生活质量

背景：随着人口老龄化，如何让老年人过上更便利、舒适的生活成为一个重要问题。

分析：一般会考虑提供更多的老年服务设施、辅助器具等。

提示：从反向作用原理出发。例如，不是让老年人去适应现有的生活环境和方式，而是改变生活环境来适应老年人的需求。可以设计更加适合老年人行动的居住空间，比如减少室内的高差、增加扶手等；或者开发一些能让老年人更轻松完成日常活动的产品，如更容易操作的家电、具有提醒功能的智能设备等，而不是仅仅依赖老年人自己去记住各种事情或进行复杂的操作。

对于这些思考题，可以依据反向作用原理，不直接按照常规的思路去解决问题，而是尝试实施相反的动作，或者使物体或环境的某些属性取反向值，或者颠倒物体的物理性质等，以寻求创新的解决方案。同时，需要注意在实际应用中充分考虑方案的可行性和有效性。

4.9 复制原理

4.9.1 原理介绍

1. 原理概念

复制原理指的是用简单、便宜的复制品或模型来代替昂贵的、易损坏的物体。具体来说，当使用实际系统或物体的成本较高，或使用实际系统很困难、不现实、不方便，或没有能力直接接触到实际物体，又或者实际物体比较难以保存时，可以采用这种复制手段。

2. 具体指导细则

（1）用简单的、低廉的复制品代替复杂的、昂贵的、易碎的或不易操作的物体（见图 4-26）。

（2）用图像代替实物，可以按一定比例放大或缩小图像（见图 4-27）。

图 4-26　旅游景点的多媒体导游　　图 4-27　观看讲座录像可代替亲自参加专家讲座

（3）如果已使用了可见光拷贝，用红外线或紫外线代替（见图 4-28）。

图 4-28　红外线成像可检测热源，如农作物的病虫害、安全保卫系统范围

3. 复制原理的应用

在许多行业领域，复制原理都有广泛应用。例如在建筑设计行业，设计师会使用建筑模型来替代实际的建筑物。这样做不仅成本较低，而且方便展示、评估和修改。通过制作缩小比例的模型，可以更直观地呈现建筑物的外观、空间布局和结构，有助于提前发现和解决潜在问题。

在影视制作领域，利用绿幕技术进行拍摄就是复制原理的体现。拍摄时，演员在绿色背景前表演，后期通过数字技术将绿色背景替换为各种虚拟场景，大大降低了实地拍摄的成本和难度。这种方法可以创造出各种现实中难以实现或不存在的场景，为观众带来丰富多样的视觉体验。

在产品研发过程中，也常常会用到复制原理。比如，汽车制造商在设计新车型时，会先制作出样车或使用计算机模拟软件来模拟车辆的性能和各种状况。样车或模拟软件就是实际汽车的复制品，能够帮助工程师在实际生产前进行测试和改进，减少了直接制造实体汽车可能带来的高成本和风险。

在教育培训领域，虚拟现实（VR）和增强现实（AR）技术的应用是复制原理的典型例子。通过创建虚拟的学习环境或在现实环境中添加虚拟元素，学生可以身临其境地进行学习和实践，提高学习效果和参与度。例如，医学生可以通过虚拟手术模拟练习手术操作，而不必直接在病人身上进行。

另外，在科学研究中，对一些难以直接观察或实验的对象，科学家会采用模型或模拟实验来进行研究。例如，通过建立数学模型来模拟天体的运行规律，或者利用小白鼠等动物来模拟人体的生理反应等。

总之，复制原理通过使用简化、便宜的复制品或模型来代替难以操作、昂贵或不易保存的物体，在降低成本、提高效率、方便操作和管理等方面发挥了重要作用，为各行业的创新和发展提供了有力支持。但需要注意的是，在应用复制原理时，要确保复制品能够准确地反映或替代原物体的关键特征和性能，并且要结合实际情况进行合理的创新和改进。

4.9.2 复制原理解决问题的具体操作步骤及注意事项

1. 复制原理解决问题的具体步骤

步骤一，问题识别。

确定需要解决的问题，以及在使用实际物体或系统时所面临的困难，如成本高、难以操作、不方便、无法直接接触或不易保存等。

步骤二，选择复制方式。

根据问题的特点和实际需求，选择合适的复制手段，如实物模型、光学图像、计算机模型、数学模型或其他能满足要求的模拟技术等。例如，如果需要研究某个物体的内部结构，但又不能直接对其进行破坏，可以考虑使用 X 光成像或计算机断层扫描（CT）等技术来获取其内部的图像复制。

步骤三，制作或利用复制品。

按照选定的复制方式，制作相应的复制品或利用已有的复制品。例如制作产品的缩小比例模型。

步骤四，进行实验、测试或分析。

在复制品上进行实验、测试或分析，以获取所需的信息或解决问题。例如在计算机模型上模拟不同条件下系统的运行情况，或通过实物模型进行力学测试。

步骤五，验证和优化。

将从复制品上得到的结果与实际情况进行对比验证，检查复制品是否能够准确反映实际物体的关键特征和性能。根据验证结果，对复制品或解决方案进行优化和改进。

步骤六，实施解决方案。

如果复制品的测试结果符合要求，将基于复制品的解决方案应用到实际问题中。

2. 注意事项

（1）准确性。确保复制品能够准确地反映或替代原物体的关键特征和性能，否则可能导致错误的结论或解决方案。

（2）适当性。选择的复制方式应与问题的性质和需求相适应。不同的问题可能需要不同类型的复制品，要根据实际情况进行合理选择。

（3）局限性认识。虽然复制原理可以提供很多便利，但也要清楚认识到复制品的局限性，某些情况下可能无法完全替代实际物体。

（4）结合实际创新。不能仅仅依赖复制，而应结合实际情况进行创新和改进，以获得更优的解决方案。

（5）数据和模型的可靠性。如果使用计算机模型或数学模型等，要确保输入数据的准确性和模型的可靠性。

（6）成本效益考虑。虽然复制可以降低成本，但在制作复制品或使用相关技术时，也要考虑成本效益，确保投入是合理的。

（7）法律和道德规范。在复制过程中要遵守相关的法律和道德规范，不能侵犯他人的知识产权等。

4.9.3 案例分析

1. 案例

模拟建筑物及其管道系统的数字模型。在建筑设计领域，需要为一个大型商业中心设计复杂的管道系统。设计师面临的问题是，如何在实际施工前，准确地了解管道布局是否合理，以及是否存在碰撞等问题。

2. 分析求解

步骤一，问题识别。

直接在实际建筑物中进行管道布局的尝试成本高且修改困难，一旦出现问题，可能导致大量的返工和资源浪费。

步骤二，选择复制方式。

利用计算机辅助设计（CAD）和建筑信息模型（BIM）技术进行复制。

步骤三，制作或利用复制品。

设计师根据商业中心的建筑图纸和各种要求，在计算机软件中创建该商业中心的三维数字模型，包括所有的建筑物结构和拟安装的管道系统。

步骤四，进行实验、测试或分析。

通过 BIM 软件对数字模型中的管道系统进行碰撞检测和模拟分析，可以直观地查看管道与建筑物结构、不同管道之间是否存在碰撞冲突。还可以通过模拟管道内的流体流动情况，以确保管道的设计能够满足实际需求（见图 4-29）。

图 4-29　大型商业中心复杂管道系统设计

步骤五，验证和优化。

根据模拟分析的结果，对管道布局进行优化调整。例如，更改管道的走向、直径或位置，以消除碰撞并改善流体流动性能。重复进行模拟分析，直到得到满意的结果。

步骤六，实施解决方案。

将经过优化的管道布局设计方案应用于实际施工中。

在这个案例中，通过复制建筑物和管道系统的数字模型，设计师能够在虚拟环境中进行各种测试和分析，提前发现并解决问题，避免了在实际施工中出现错误和返工，提高了设计的质量和效率，同时也节省了时间和成本。

这种使用数字模型进行复制和模拟的方法，在许多领域都得到了广泛应用，如航空航天、汽车制造、电子电路设计等，有助于工程师和设计师更好地理解和解决复杂的问题。

4.9.4 思考题

思考题 1：如何提高易碎物品在运输过程中的安全性？

背景：在物流行业中，经常需要运输一些易碎物品，如玻璃制品、陶瓷制品等。这些物品在运输过程中容易因受到碰撞和震动而损坏，导致经济损失和客户满意度下降。

分析：直接保护易碎物品可能成本较高或效果不佳。可以考虑利用复制原理，寻找一种相对简单且经济的方式来模拟或替代易碎物品的某些特性，以减少实际物品受到的损害。

提示：可以使用具有相似特性的材料制作易碎物品的模型或复制品，将其放置在包装中，吸收和分散外部的冲击力；或者在包装中添加缓冲材料，这些缓冲材料可以复制易碎物品的形状，以更好地贴合和保护物品；研究一些已经成功应用复制原理来保护易碎物品的案例，借鉴其方法和材料。

思考题 2：怎样让新员工更快地适应复杂的工作流程？

背景：许多公司的工作流程较为复杂，新员工在入职初期往往需要花费大量时间和精力去学习和适应，这可能会影响工作效率和质量。

分析：可以借助复制原理，创建一个类似于实际工作流程的模拟环境或培训系统，让新员工在这个环境中进行实践和学习。

提示：利用虚拟现实（VR）或模拟软件技术，复制公司的实际工作场景和流程，让新员工在虚拟环境中进行操作和练习；或者安排经验丰富的员工对新员工进行示范和指导，这也可以看作是一种"行为复制"。思考如何在模拟环境中设置各种可能出现的情况和问题，以提高新员工应对实际工作挑战的能力。

思考题 3：怎样提升城市公共交通的效率？

背景：随着城市的发展，人口增加，交通拥堵问题日益严重，公共交通的效率需要进一步提高，以满足人们的出行需求。

分析：借助复制原理，参考其他城市或类似交通系统的有效模式和解决方案，为提升本地公共交通效率提供思路。

提示：考察具有高效公共交通系统的城市，了解其线路规划、运营模式、调度方法等方面的特点，看是否可以在本地进行复制或改进；分析不同类型公共交通工具（如地铁、公交、轻轨等）的优势和适用场景，探讨如何更好地结合利用；研究智能交通系统的应用案例，考虑引入相关技术，如实时公交信息显示、智能调度系统等，以复制其提高效率的效果。

4.10 抛弃与修复原理

4.10.1 原理介绍

1. 原理概念

抛弃与修复原理，也称自生自弃原理或抛弃和再生原理，是指在一个系统中，当某个部件完成其功能或变得无用时，应将其去除（抛弃）；而当某个部件在使用过程中有所损耗时，则应及时进行修复以再利用。这一原理强调了在系统或产品设计中，应根据部件的实际功能和状态进行灵活的调整和优化，以提高系统的整体性能和效率。

2. 具体指导细则

（1）当一个物体完成了其功能或变得无用时，抛弃或修改该物体中的一个元件（见图 4-30）。

图 4-30　冰灯在过季后可自动消融

（2）在工作过程中迅速补充消耗或减少的部分（见图 4-31）。

图 4-31　自动铅笔可迅速补充消耗部分

3. 抛弃与修复原理的应用

抛弃与修复原理在行业领域有着广泛的应用。在医疗领域，抛弃与修复原理的应用体现在临时性医疗器械的设计上。例如，在骨折治疗中，临时石膏固定装置可以在完成固定任务后，通过设计使其易于拆除，避免对患者造成长期不便。同时，对于可重复使用的医疗器械，修复原理的应用则体现在对其磨损部分的及时更换或修复，以延长器械的使用寿命，降低成本。

在航空航天领域，多级火箭的设计便是抛弃原理的典型应用。火箭在发射过程中，各级助推器在完成其推进任务后会被逐一抛弃，以减轻整体质量，提高剩余部分的推进效率。此外，在飞机维护中，修复原理的应用则体现在对受损部件的及时更换或修复，以确保飞机的安全飞行。

该原理的关键在于抛弃或修复的时间点是在系统工作过程中，而不是在之前或之后进行这些操作。它为解决技术和创新问题提供了一种思路，即在设计和改进系统时，要充分考虑到元件的生命周期和可维护性，以实现系统的持续优化和有效运行。抛弃与修复原理的应用，不仅有助于提升产品的可靠性和效率，还能在一定程度上促进资源的节约和循环利用。通过精确控制物体各部分的生命周期，设计者能够创造出更加智能、环保和经济的解决方案。

总的来说，抛弃与修复原理在不同行业领域的应用，都旨在通过优化物体的组成部分来提高系统的整体效率和可靠性，同时降低成本和减少资源浪费。

4.10.2 抛弃与修复原理解决问题的具体操作步骤及注意事项

1. 抛弃与修复原理解决问题的具体步骤

步骤一，问题识别。

确定需要解决的具体问题，明确系统中存在的部件或元素。

步骤二，分析可抛弃或可修复的部分。

找出在完成功能后变得无用或有损耗的部件。考虑其是否对系统不再有用，或者是否可以利用其临时性来降低成本或达到目的。

步骤三，应用抛弃原理。

如果部件对于系统不再有用，采用溶解、挥发等手段将其废弃，例如使用药物胶囊的外壳来包装药粉，进入人体后自行溶解掉；或者增加临时性部件以增加某种能力，在其作用完成后抛弃，如火箭的助推器、飞机的副油箱等。

步骤四，应用修复原理。

对于在工作过程中会损耗的部件，思考如何在工作期间使其恢复。这可以是物质的再造，例如在传送腐蚀性液体的管道里，定期传送易附着管壁的耐腐蚀物质；也可以是不断补充，如采用草坪剪草机的自锐系统等。

步骤五，评估和优化解决方案。

检查所提出的解决方案是否能有效解决问题，是否存在其他潜在的问题或可改进之处。

2. 注意事项

（1）明确抛弃和修复的时间点。抛弃和修复都应发生在系统工作过程中，而不是之前或之后。

（2）综合考虑成本与效益。确保抛弃或修复的方式在经济上是合理的，不会带来过高的成本。

（3）注意系统的稳定性和可靠性。新的解决方案不应影响系统的整体稳定性和可靠性。

（4）创新思维。不要局限于传统的方法，充分发挥创造力，寻找巧妙的抛弃和修复方式。

（5）实际可行性。考虑解决方案在实际操作中的可行性，包括技术、工艺、材料等。

（6）持续改进。解决方案可能不是最优的，需要在实践中不断观察和改进。

4.10.3 案例分析

1. 案例

药物胶囊的使用（见图 4-32）。

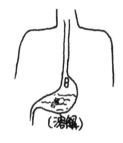

图 4-32   药物胶囊的使用

2. 分析求解

步骤一，问题识别。

需要一种能保护药物有效成分、方便服用且进入体内后能自动消失的药物载体。

步骤二，分析可抛弃或可修复的部分。

这里的胶囊壳就是可抛弃的部分。

步骤三，应用抛弃原理。

选择具有可溶性的材料制作胶囊壳。药物胶囊的外壳可以在进入人体肠胃后自行溶解掉，从而释放出内部的药物成分。胶囊壳完成了保护和方便服用的功能后被抛弃了。

步骤四，评估和优化解决方案。

这种方式可以有效地保护药物免受外界环境影响，方便患者服用，并且由于胶囊壳会溶解，不会在体内产生残留或造成其他问题。

4.10.4 思考题

以下是依据抛弃与修复原理提供的三个思考题，每个思考题都将从背景、分析和提示三个角度展开。

思考题 1：如何有效地清除道路上的积雪和冰？

背景：在一些寒冷地区，道路上的积雪和冰会给交通带来很大的安全隐患。目前常用的除雪方法是使用盐来降低冰雪的熔点，但盐会对道路和周边环境造成一定的损害。

分析：如何在不损害道路和环境的前提下，有效地清除道路上的积雪和冰？这里可以考虑利用抛弃与修复原理。首先，需要找到一种能够在完成除雪功能后被抛弃或容易清理的物质或部件；其次，思考是否有可以在工作过程中修复道路可能受到的损害的方法。

提示：例如，可以研发一种特殊的、可生物降解的除雪剂。这种除雪剂能够在低温下有效融化冰雪，完成除雪功能后，它可以自然分解或被微生物分解，从而被抛弃，不会对环境造成长期污染（应用抛弃原理）。同时，考虑在除雪过程中添加一些能够修复道路微小裂缝或损害的成分，随着除雪剂的使用，这些成分可以逐渐渗透到道路中，起到一定的修复作用（应用修复原理）。

思考题 2：设计一种新型打印机墨盒

背景：传统的打印机墨盒在墨水用完后通常需要整个更换，这不仅增加了使用成本，也产生了大量的废弃墨盒，对环境造成压力。

分析：怎样设计一种打印机墨盒，既能满足打印需求，又能减少浪费和对环境的影响？从抛弃与修复原理出发进行思考。

提示：设计一种可补充墨水的墨盒，墨盒上带有可密封的加墨口，当墨水用完后，用户可以通过加墨口添加墨水，使墨盒能够继续使用，而不是直接抛弃整个墨盒（应用修复原理）。或者采用墨盒与墨水分离的设计，墨盒内部的某些部件（如海绵等）在使用一段时间后会损耗，但可以单独更换这些部件，而不是更换整个墨盒（应用抛弃原理和修复原理）。

思考题 3：如何提高植入式医疗设备（如心脏起搏器）的安全性？

背景：在医疗领域，某些植入式医疗设备（如心脏起搏器）在电池耗尽后需要更换整个设备，这对患者来说是一次风险较高的手术。

分析：根据修复原理，是否可以设计一种机制，使得只需要更换植入式医疗设备中的电池部分，而不是整个设备？这样可以大大降低手术风险和成本。

提示：思考如何设计植入式医疗设备的结构，使得电池部分可以容易地被访问和更换。同时，考虑电池更换过程中的安全性和可行性，以及如何确保更换电池后设备的正常运行。

4.11 多用性原理

4.11.1 原理介绍

1. 原理概念

多用性原理指的是一个物体具备多种功能，从而减少对其他部件的需求。其核心思想是通过创新设计，将原本需要多个部件或系统才能完成的功能集成到一个物体上，提高产品的整体性能和可靠性。

2. 具体指导细则

（1）使一个物体能完成多项功能，可以减少完成这些功能物体的数量（见图4-33）。

图 4-33　装有牙膏的牙刷柄

（2）利用标准的特性（见图 4-34）。

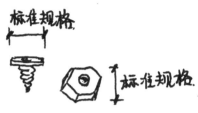

图 4-34　标准件螺钉、螺母

3. 多用性原理的应用

在许多行业领域，TRIZ 理论中的多用性原理都有广泛应用。例如在电子产品方面，智能手机就是典型的代表。它集成了通话、上网、拍照、导航、娱乐等众多功能，极大地丰富了人们的生活。通过这样的设计，无须再携带多个单一功能的设备，简化了人们的出行装备。

在家居领域，智能家居系统利用多用性原理，将传统家居设备（如灯具、空调等）连接到互联网，用户使用手机或平板等智能设备，就能远程控制和管理这些家居设备，提高了家居生活的便捷性与舒适度。

办公用品中，多功能打印机也是很好的例子。它集合了打印、复印、扫描、传真等功能，满足了办公的多样化需求，一台设备即可完成多种打印相关任务，提高了工作效率并保证了打印质量。

在医疗行业，一些医疗器械也体现了多用性。比如某种骨科手钻，通过更换合适的钻头，结合局部质量原理，可实现在不同大小的骨骼上钻孔。

多用性原理的主要目的是通过一个物体实现多种功能，进而达到节省材料、空间和成本的效果。它在现代产品设计和工程应用中具有重要作用，能够推动产品创新，促进相关产业的发展。但在实际应用中，需注意避免因追求多用性而导致功能过于复杂，应根据具体场景和需求进行合理设计。

总的来说，多用性原理是 TRIZ 理论中一个非常重要的创新工具，它通过促进产品功能的多样化和集成化，为设计师提供了更多的创新思路和方法，推动了现代产品设计的发展。

4.11.2 多用性原理解决问题的具体操作步骤及注意事项

1. 多用性原理解决问题的具体步骤

步骤一，问题识别。

全面深入地理解需要解决的问题，明确问题的关键所在以及所期望的功能。

步骤二，功能定义。

确定物体或系统应具备的各项功能，思考如何通过一个物体来实现这些功能。

步骤三，寻找类似案例。

研究已有的成功应用多用性原理的产品或解决方案，从中获取灵感。

步骤四，创新设计。

根据功能需求和类似案例的启发，进行创新设计，使物体具备多种功能。这可能涉及对物体的结构、形状、材料等方面的改变或重新设计。

步骤五，评估与优化。

对设计出的具有多用性功能的物体或系统进行评估，检查其是否能够有效实现预期的多种功能，是否存在问题或可改进之处，并进行相应的优化。

2. 注意事项

（1）确保各功能之间的协调性和兼容性，避免相互冲突或影响。

（2）考虑用户需求和使用场景，使多功能的设计能够真正满足实际使用的要求。

（3）注意不要过度追求多功能而导致物体过于复杂，增加制造和维护的难度与成本。

（4）进行充分的测试和验证，以确保多功能的实现不会降低产品的质量、可靠性和安全性。

（5）关注技术可行性和可实现性，确保设计在现有技术条件下能够得以实施。

（6）一物多用可以从时间、空间位置、系统级别等方面进行考虑。例如，时间上的多用性如冷热两用空调；空间位置上的如可拆卸的儿童安全椅子，可在汽车内当座椅，在汽车外当儿童车；系统级别的如某种标准零件或可防晒的雨伞等。

4.11.3 案例分析

1. 案例

智能手表的设计（见图 4-35）。

图 4-35　智能手表的设计

2. 分析求解

步骤一，问题识别。

随着人们对健康和运动的关注增加，需要一款既能够满足日常时间显示，又能监测健康数据（如心率、睡眠等）和运动记录的设备。

步骤二，功能定义。

确定智能手表应具备的功能，包括精准计时、实时监测心率、记录运动轨迹和距离、统计睡眠时长、接收通知消息等。

步骤三，寻找类似案例。

研究市场上已有的智能手表产品，了解其功能实现方式和技术特点。

步骤四，创新设计。

基于多用性原理进行创新设计。例如，采用低功耗的芯片和传感器，实现长时间的续航，以满足计时和健康监测的持续需求；通过蓝牙连接手机，接收通知消息并进行简单的交互操作；设计简洁直观的用户界面，方便用户随时查看各种功能数据。

步骤五，评估与优化。

对设计出的智能手表进行评估。检查计时的准确性、心率监测的精度、运动记录的可靠性以及与手机的连接稳定性等。根据评估结果进行优化，如提高传感器的精度、优化软件算法等。

4.11.4 思考题

以下是依据多用性原理提供的三个思考题，每个思考题都将从背景、分析和提示三个角度展开。

思考题 1：多功能办公家具

背景：在现代办公环境中，办公空间有限，但需要满足多种办公需求。

分析：如何设计一种办公家具，使其能够在有限的空间内发挥多种功能，减少其他不必要的家具，提高空间利用率。

提示：考虑放置可以变形、组合或具有多种使用方式的家具。例如，一张桌子既可以作为普通办公桌使用，又能通过折叠或调整变成会议桌或展示架；或者一个柜子，除了存储功能外，还可以兼任隔断的作用，其表面也可作为书写板。

思考题 2：多功能户外工具

背景：随着户外活动的增多，人们对于户外装备的便携性和多功能性有了更高的要求。

分析：设计一款户外用品，使其具备多种功能，以满足在户外不同场景下的需求，同时减少携带物品的数量和重量。

提示：比如设计一款多功能的户外工具，它可以集成刀、锯、螺丝刀、开瓶器等多种工具的功能；或者一个户外背包，除了装物品外，还能具备防水、保暖、可折叠成坐垫等功能；或者是一根可伸缩的登山杖，它同时还带有指南针、照明等功能。

思考题 3：可穿戴设备的多功能融合

背景：可穿戴设备作为新兴的智能设备领域，已经逐渐渗透到人们的生活中。然而，当前市场上的可穿戴设备功能相对单一，主要聚焦于健康监测、运动追踪等方面。

分析：根据多用性原理，可以考虑将可穿戴设备的功能进行拓展和融合，使其具备更多的实用功能。例如，可以将健康监测、运动追踪、通信、支付等多种功能融合到一个智能手表或智能手环中，通过统一的界面和交互方式实现多种功能的便捷使用。

提示：思考如何将不同功能合理地融合在可穿戴设备中，确保设备的轻便性和佩戴舒适度。同时，考虑如何优化用户界面和交互方式，提高用户的使用便捷性和体验。此外，还可以思考如何利用可穿戴设备的传感器，为用户提供更加个性化的服务和建议。

4.12 变害为益原理

4.12.1 原理介绍

1. 原理概念

变害为益原理指的是将原本被视为有害或不利的因素，通过巧妙的设计或转化，变为有益或可利用的资源。这一原理体现了"以毒攻毒，一物降一物"的哲学智慧，强调了在面对问题时，不应仅仅局限于消除其负面影响，而应积极寻找将其转化为积极因素的可能性。

2. 具体指导细则

（1）利用有害因素，特别是对环境有害的因素，获得有益的结果（见图 4-36）。

图 4-36　城市垃圾焚烧发电装置

（2）通过与另一种有害因素结合消除一种有害因素（见图 4-37）。

图 4-37　用有毒的化学物质保护木材不受昆虫的袭击，且不腐蚀

（3）加大一种有害因素的程度使其获得更好的结果（见图 4-38）。

图 4-38　减少做某项工作的资源，以至于不得不发现新方法来解决问题

3. 变害为益原理的应用

变害为益原理在多个行业领域得到了广泛应用。这一原理强调将原本有害或不利的因素转化为有益或可利用的资源，从而在解决问题的同时创造出新的价值。

在环境保护领域，变害为益原理的应用尤为突出。例如，通过废物回收和再利用技术，将工业废弃物、生活垃圾等有害物质转化为可再利用的资源，既减少了环境污染，又节约了自然资源。此外，在农业领域，通过生物防治技术，利用天敌控制害虫数量，既减少了化学农药的使用，又保护了生态环境。

在医学领域，变害为益原理的应用也取得了显著成效。例如，某些病毒或细菌虽然对人体有害，但科学家通过深入研究，发现它们在某些方面也具有有益作用。因此，可以利用这些微生物的某些特性来开发新的药物或治疗方法，从而实现治疗疾病的目的。

这些应用实例表明，变害为益原理鼓励人们突破传统思维，挖掘那些看似不利的因素中潜在的价值，从而实现创新和改进。它有助于企业降低成本、提高资源利用率、减少环境污染，同时推动技术的进步和行业的可持续发展。总的来说，变害为益原理在各行各业都有着广泛的应用前景，它鼓励人们以创新的思维方式面对问题，积极寻找解决问题的新途径和新方法。

4.12.2 变害为益原理解决问题的具体操作步骤及注意事项

1. 变害为益原理解决问题的具体步骤

步骤一，问题识别。

明确需要解决的问题，确定其中存在的有害因素或不利情况。

步骤二，有害因素识别。

找出问题中具体的有害因素，这些因素可能是环境中的、系统自带的或其他相关的方面。

步骤三，思考变害为益的可能性。

根据有害因素的特点，从不同角度思考如何将其转化为有益的方面，或者如何利用它们获得积极的效果。这可能需要突破传统思维的局限。

步骤四，选择合适的方法。

利用有害因素。例如将废品进行回收再利用，以减少环境污染并获得新的资源。

结合有害因素消除有害作用。如同以毒攻毒，引入另一个有害因素来中和或抵消现有的有害因素，比如中医的以毒攻毒疗法。

增加有害因素到一定程度使其不再有害。但要注意掌握好火候或度，例如消防员的逆火灭火，需防止造成更大的灾害。

步骤五，方案设计与实施。

基于选定的方法，设计具体的解决方案，并进行实施。

步骤六，评估与改进。

对实施后的结果进行评估，检查是否达到了预期的变害为益效果，如有必要，对方案进行调整和改进。

2. 注意事项

（1）全面深入地理解问题，识别有害因素，避免片面或表面的分析。

（2）充分考虑各种可能的解决方案，不局限于常规的思路。

（3）对于"增加有害因素到一定程度使其不再有害"的方法，要谨慎操作，确保对"度"的把握准确，防止产生更严重的危害。

（4）注重实际可行性和可操作性，确保解决方案在实际应用中能够有效实施。

（5）变害为益的方案可能需要多学科的知识和技术支持，要善于整合和利用相关资源。

（6）持续关注和评估方案的效果，根据实际情况进行动态调整和优化。

4.12.3 案例分析

1. 案例

利用工业废渣制作环保砖。

2. 分析求解

步骤一，问题识别。

工业生产中会产生大量废渣，不仅占用土地，还可能对环境造成污染。

步骤二，有害因素识别。

废渣的大量堆积是有害因素。

步骤三，思考变害为益的可能性。

废渣中可能含有一些可利用的成分，能否将其转化为有价值的产品（见图4-39）。

图 4-39　利用工业废渣制作环保砖

步骤四，选择合适的方法。

决定采用利用有害的因素获得积极效果的方法。通过研究废渣的成分，发现其具有一定的胶凝性和骨料特性。于是，添加适量的水泥、骨料等材料，经过搅拌、成型和养护等工艺，制作成环保砖。

步骤五，方案设计与实施。

设计具体的生产流程，包括废渣的预处理、材料配比、成型工艺参数等。建立生产线，进行环保砖的批量生产。

步骤六，评估与改进。

对生产出的环保砖进行质量检测，包括强度、耐久性等指标。根据检测结果，优化生产工艺和材料配比，提高环保砖的质量和性能。同时，评估该方案对废渣处理的效果，以及在经济和环境方面的效益。

4.12.4 思考题

以下是依据变害为益原理提供的三个思考题，每个思考题都将从背景、分析和提示三个角度展开。

思考题 1：工厂生产过程余热处理

背景：在一些工厂的生产过程中，会产生大量的余热，这些余热直接排放到环境中，不仅造成了能源的浪费，还可能导致周围环境温度升高。

分析：余热是生产过程中的有害因素，它的存在既浪费了能源（改善的特性），又对环境产生了不利影响（恶化的特性）。

提示：思考如何利用这些余热，使其从有害因素转化为有益因素。比如，是否可以通过某种方式将余热收集起来，用于其他需要热能的地方，如预热原材料、供暖等，从而实现变害为益。

思考题 2：城市雨洪管理

背景：随着城市化进程的加快，城市雨洪问题日益严重，暴雨导致的内涝、排水不畅等问题给城市交通、居民生活和生态环境带来了巨大影响。传统的排水系统往往难以应对极端天气下的雨洪。

分析：雨洪本身被视为一种自然灾害，但其中蕴含的水资源却具有潜在的利用价值。传统上，倾向于通过建设更大的排水管道和泵站来应对雨洪，但这并非长久之计，应该思考如何将雨洪转化为城市可用的资源。

提示：探索雨水收集与利用系统，如建设雨水花园、下沉式绿地等，将雨水滞留并通过自然渗透，补充地下水。研究雨水回收技术，将收集到的雨水用于城市绿化、道路清洗等非饮用水领域。引入智能雨洪管理系统，根据实时天气和雨洪情况调整排水策略，实现水资源的最大化利用。

思考题 3：噪声污染控制

背景：随着城市化进程的加速，交通、工业等噪声污染问题日益突出，对居民的生活质量造成了严重影响。

分析：噪声污染被视为一种有害的环境因素，可以通过创新设计将噪声转化为有益的资源或降低其负面影响。

提示：研究噪声吸收与隔离技术，如使用隔音材料、建设声屏障等，减少噪声对周边环境的传播。探索噪声能量回收技术，如将交通噪声转化为电能或热能等可再生能源。利用噪声作为设计元素，在特定场所（如公园、广场）设计噪声景观或互动装置，将噪声转化为一种独特的体验或艺术形式。同时，这也需要考虑到公众接受度和环境影响评估。

第5章 基于作用力属性的发明原理详解及应用案例分析

5.1 重量补偿原理

5.1.1 原理介绍

1. 原理概念

重量补偿原理也被称为反重力原理，旨在通过引入其他物体或利用环境力量来补偿或抵消物体的重量。

2. 具体指导细则

（1）将某一物体与另一能提供上升力的物体组合，以补偿其重量（见图5-1）。

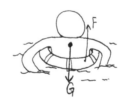

图5-1 游泳圈为游泳者提供安全保障

（2）通过与环境（利用空气动力、流体动力或其他力等）的相互作用，实现物体的重量补偿。

3. 重量补偿原理的应用

重量补偿原理在多个领域中有着广泛的应用，这一原理通过引入提供上升力的物体或利用环境（如空气动力、流体动力）的相互作用来实现对物体重量的补偿。例如，在航空领域，飞机机翼利用流线型和流体动力学提供升力，使飞机能够在空中飞行；在水上交通，船体利用浮力补偿其重量，实现水上航行。此外，该原理还启发了创新设计，如氢气球、螺旋桨直升机等，均体现了在空气或液体介质中通过引入外部力来补偿重量的思想。在更广泛的工程技术领域，重量补偿原理也被用于抵消物体重量的不利作用，提升系统性能，推动技术创新与发展。

重量补偿原理在多个领域的应用案例充分展示了其在现代科技发展中的重要作用和广阔前景。从高速交通工具到医疗设备，再到宇宙探索和工业生产，反重力技术的广泛应用不仅推动了相关领域的技术进步，也为人类社会的发展带来了新的动力和可能性。随着科技的不断进步，可以期待重量补偿原理在未来能够解锁更多创新应用，为人类带来更多惊喜和便利。

5.1.2 重量补偿原理解决问题的具体操作步骤及注意事项

1. 重量补偿原理解决问题的具体步骤

面对技术难题时，必须清晰地定义所面临的问题，这包括理解问题的根源、影响范围以及期望达到的解决方案目标。使用重量补偿原理解决技术难题的具体流程包括问题识别、系统分析、应用原理、方案设计、实施与测试以及评估与优化等。

步骤一，问题识别。

明确要解决的问题或挑战，并尝试理解其背后的科学原理或技术障碍。例如，如果是在航空航天领域，问题可能是如何减少飞行器的燃料消耗，以提高其运载效率。

步骤二，系统分析。

对现有的技术系统进行深入分析，了解其工作原理、存在的问题及其与环境之间的相互作用。这可能涉及对现有文献的调研、专家咨询或预先实验数据的收集。

步骤三，应用原理。

根据重量补偿原理的两个指导细则，考虑如何将物体与能提供上升力的物体组合，或利用空气动力、流体动力等环境因素来实现重量补偿。这要求对相关的物理定律和技术原理有深刻的理解。

步骤四，方案设计。

基于以上分析，设计具体的解决方案。这可能包括新型材料的选择、能量转换机制的设计或新型推进系统的开发。在这一阶段，创新思维至关重要。

步骤五，实施与测试。

构建原型或模型，并进行实验测试以验证方案的可行性。这可能涉及实验室测试、计算机模拟或小规模的实地试验。根据测试结果，对方案进行必要的调整和优化。

步骤六，评估与优化。

在确认技术方案有效后，进行全面的评估，包括技术的经济性、对环境的影响、安全性和社会接受度等方面。同时，根据反馈进行持续优化和改进。

2. 注意事项

（1）资源可用性。评估所需资源和技术的可用性，确保能够有效实施。

（2）伦理法规。考虑技术的伦理和社会影响，确保符合相关法律法规。

（3）公众接受度。了解公众对于新技术的接受程度，适时进行科普教育和宣传。

（4）国际合作。探索与国际上的研究机构和企业的合作机会，共同推动技术的发展。

综上所述，使用重量补偿原理解决技术难题复杂但前景广阔。通过系统的研究和实验，结合创新的设计和优化，反重力技术有潜力为多个领域带来革命性的变革。

5.1.3 案例分析

1. 案例

应用重量补偿原理开发新型无人机。

2. 分析求解

步骤一，问题识别。

在军事侦察或民用监测领域，传统的无人机面临飞行时间短、噪声大和易于被发现等局限性。因此，需要开发一种新型无人机，它能够实现更长的飞行时间、更低的噪声水平以及更好的隐蔽性。

步骤二，系统分析。

分析现有的无人机技术，包括其动力系统、能量来源、结构设计等方面。了解这些系统的不足之处，并探讨可能的改进方向。同时，考虑环境因素对无人机性能的影响，如空气密度、温度和风速等。

步骤三，应用原理。

利用重量补偿原理的两个指导细则来探索解决方案。首先，考虑将无人机与能提供上升力的物体组合，例如，使用氢气球或氦气球来减轻无人机的重量。其次，通过与环境的相互作用实现重量补偿，例如，利用空气动力学原理设计无人机的翼型，使其能够更有效地利用空气动力产生升力。

步骤四，方案设计。

综合应用原理的研究结果，设计一种新型无人机。这可能包括选择轻质材料以减少重量、设计高效的能源系统以延长飞行时间、采用隐形技术以提高隐蔽性等。在这一阶段，可能需要多个迭代过程来优化设计方案（见图 5-2）。

图 5-2 使用氢气球或氦气球减轻无人机重量

步骤五，实施与测试。

构建原型机，并在受控环境中进行地面测试和飞行测试。收集数据，评估无人机的性能是否达到预期目标。根据测试结果，对设计进行调整和优化。

步骤六，评估与优化。

在确认技术方案有效后，进行全面的评估，包括技术的经济性、对环境的影响、安全性和社会接受度等方面。同时，根据反馈进行持续优化和改进。

步骤七，推广实施。

在确保技术成熟和安全的前提下，推广和实施该技术，以解决实际问题或满足市场需求。

步骤八，持续创新。

随着技术的不断发展，持续探索和创新，以进一步提升反重力技术的性能和应用范围。

综上所述，这个实际案例展示了如何通过系统的研究和实验，结合创新的设计，应用重量补偿原理来解决技术难题。通过这种方式，可以推动无人机技术的发展，为军事侦察、民用监测及其他领域提供更有效的解决方案。

5.1.4 思考题

以下是依据重量补偿原理提供的三个思考题，每个思考题都将从背景、分析和提示三个角度展开。

思考题 1：反重力悬浮座椅

背景：在一个大型会展中心，由于观众人数众多，传统的座椅需要占用大量的地面空间，需要设计一种新型的座椅，能够充分利用空间，同时提供舒适的观看体验。

分析：要解决这个问题，需要考虑如何减少座椅对地面的占用，同时确保座椅的稳定性和舒适性。这里，可以考虑应用重量补偿原理来设计一种悬浮座椅。

提示：思考如何利用上升力来抵消座椅和乘客的重量，使座椅能够悬浮在空中。考虑使用电磁场、气动装置或其他技术手段来产生上升力。设计座椅的结构和控制系统，确保座椅的稳定性和安全性。

思考题 2：无接触货物搬运系统

背景：在仓库或物流中心，货物的搬运和存储是一个繁重且耗时的任务。传统的搬运设备需要直接接触货物，这可能导致货物的损坏或污染。现在，需要设计一种无接触的货物搬运系统，以提高搬运效率并减少货物损坏。

分析：要实现无接触的货物搬运，需要考虑如何产生足够的上升力来支撑和移动货物，同时避免与货物的直接接触。

提示：思考如何利用上升力来支撑和移动货物，而不需要与货物直接接触。考虑使用磁场、气流或其他无接触的技术手段来产生上升力。设计搬运系统的控制系统和路径规划算法，确保货物能够准确、高效地搬运到指定位置。

思考题 3：反重力飞行器设计

背景：消防救援工作中，消防员需要携带大量的装备进入火灾现场，过重的装备会影响救援速度和效率。

分析：如何在不减少消防装备必要功能的情况下，减轻消防员的负重？

提示：研发新型的防火材料，制作更轻但防护性能不减的消防服；对消防工具进行轻量化设计，采用高强度轻质合金；合理规划装备携带方式，利用人体工程学原理分布重量。

5.2 等势原理

5.2.1 原理介绍

1. 原理概念

等势原理旨在通过改变工作条件来减少物体提升或下降的需要，从而降低体力消耗。这里的势指的是势能，如重力势能，电压势能等。

2. 具体指导细则

在势能场中，不易或不能升降的物品通过外部环境的改变达到其相对升降的目的（见图 5-3）。

图 5-3　轮船通过阶梯状水面提升通过水闸

3. 等势原理的应用

等势原理的应用非常广泛，例如在日常生活领域，厨房升降拉篮的设计，通过调整拉篮的高度，使得取放物品时物体平面与工作平面接近或等高，从而方便取用，减少了因克服重力所做的功；在电学领域，应用到电子线路设计中，避免电势差大的线路相邻；在水利领域，在两个不同高度水域之间的运河上使用水闸，保持水位一致，避免水流的位置变化；在物流领域，设计装货台和卸货台的高度与汽车车厢高度一致。

等势原理在各领域进行应用的实例展示了其在实际生活中的重要作用，小到日常生活所接触的事物，大到三峡大坝这样的水利领域，无不体现了等势原理的广泛应用，通过优化设计和操作条件，提高了效率和便利性，降低劳动者的劳动强度，使工作起来更加方便，同时也减少了人力和资源的消耗。

5.2.2 等势原理解决问题的具体操作步骤及注意事项

1.等势原理解决问题的具体步骤

步骤一，问题识别。

全面了解需要解决的问题，确定问题中是否涉及物体的升降以及相关的困难或不便之处。例如，是否存在需要频繁搬运或升降重物的情况，导致劳动强度大或效率低下等。

步骤二，寻找等势条件。

考虑如何改变工作条件，以使操作物体与工作平台等高，或减少物体在势能方向上的移动。这可能需要充分利用环境、结构和系统所提供的资源。

步骤三，设计解决方案。

根据等势原理，想出具体的解决方案。例如，设计合适的工作平台、通道或使用特定的设备等。常见的案例包括汽车修理厂的维修地沟、卸货车道、叉车、货物升降机、电梯等。这些设施或设备可以帮助避免直接升降物体，减轻劳动强度。

步骤四，评估与优化方案。

对提出的解决方案进行评估，考虑其可行性、有效性、成本、安全性等因素。检查方案是否真正消除或减少了势差带来的副作用，是否满足实际需求。根据评估结果，对方案进行优化和改进。

步骤五，实施解决方案。

在实际场景中实施经过优化的解决方案，并进行实际测试和验证。观察其效果是否达到预期，是否解决了原本物体升降带来的问题，同时注意在实施过程中可能出现的新问题或需要进一步调整的地方。

步骤六，持续改进。

根据实际使用情况，对解决方案进行持续的监测和改进。如果发现还有不足之处或可以进一步提高的地方，及时进行调整和完善，以确保解决方案的长期有效性。

2.注意事项

（1）原理理解方面。

不要局限于重力势：虽然常见解释多以重力势为例，但要敢于拓展到其他领域的"势"概念。

理解等势并非绝对零势能差：只要是在可接受范围内的势差水平都可以认为是符合等势原理应用场景。

（2）问题分析方面。

全面性：要对涉及势能差的所有环节和因素进行分析，避免遗漏关键要点。

动态分析：如果问题场景中势的情况会随时间等因素动态变化，要充分考虑。

（3）方案设计方面。

创新性：不要局限于常规的等势实现手段，鼓励创新性的设计。

综合考量：不能只考虑等势这一个方面的效果，要兼顾对整体系统和流程的影响。

人性化因素：如果涉及人工作业场景，要考虑人的操作便利性和舒适性等。

实施过程方面：阶段性验证，如果是大型复杂项目，分阶段进行实施和验证，以便及时调整。沟通协调，特别是涉及多部门配合构建等势条件时，确保信息沟通顺畅。

持续改进：即使方案实施后也要关注后续使用中可能出现的新问题或可优化的点。

5.2.3 案例分析

1.案例

使用等势原理解决货物搬运问题。

2. 分析求解

步骤一，问题识别。

在一个工厂的仓库中，工人需要经常将货物从地面搬运到货车车厢内，车厢高度较高，每次搬运都需要工人费力地将货物抬高，劳动强度大，效率低下，还容易造成工人受伤（见图 5-4）。

图 5-4　工人传统装卸货物

步骤二，寻找等势条件。

经过观察和分析，发现可以通过调整货车的停放位置，或者在货车旁边搭建一个与车厢等高的临时平台，来创造等势条件。

步骤三，设计解决方案。

方案一：在仓库内设置一个可调节高度的卸货平台。当货车到达时，根据货车车厢的高度，调整卸货平台的高度，使其与车厢底部平齐。这样，工人可以直接将货物从仓库推到卸货平台上，再轻松地推进车厢 [见图 5-5（a）]。

方案二：在货车停放区域建造一个固定的斜坡，斜坡的高度与货车车厢底部在同一水平面上。工人可以通过斜坡将货物推到车厢内 [见图 5-5（b）]。

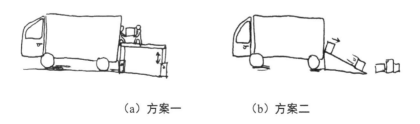

（a）方案一　　　　（b）方案二

图 5-5　利用等势原理解决装卸问题的方案

步骤四，评估与优化方案。

方案一的优点是灵活性高，可以适应不同高度的货车。但缺点是设备成本较高，维护也相对复杂。

方案二的成本相对较低，结构简单，但可能受限于场地条件，且只能适应特定高度范围的货车。

综合考虑后，决定先采用方案二，如果在实际使用中发现无法满足需求，再考虑增加方案一作为补充。

步骤五，实施解决方案。

按照设计方案建造了固定斜坡，并在斜坡表面进行了防滑处理，确保货物搬运的安全。

步骤六，持续改进。

在使用一段时间后，发现斜坡在下雨天容易积水，影响货物搬运。于是在斜坡两侧增加了排水槽，解决了积水问题。

同时，根据货车类型和使用频率的变化，对斜坡的坡度和长度进行了微调，进一步提高了搬运效率和安全性。

通过应用等势原理，成功地解决了货物搬运过程中的难题，降低了工人的劳动强度，提高了工作效率。

5.2.4 思考题

以下是依据等势原理提供的三个思考题，每个思考题都将从背景、分析和提示三个角度展开。

思考题 1：图书馆书籍从书架高层搬运至低处的难题

背景：在大型图书馆中，高层书架上的书籍经常需要被搬运至低处的借阅台或整理区域，目前主要依靠工作人员使用梯子进行搬运，不仅效率低，还存在安全隐患。

分析：书籍在高层书架具有较高的重力势能。工作人员爬梯、取书、搬运操作不便，耗费时间，有从梯子掉落的风险。

提示：能否设计一种可移动的升降装置，使工作人员能够在与书架高层等势的位置取书？或者改变书架结构，让高层书架能够自动降低至与低处等势的位置？

思考题 2：建筑工地材料在不同楼层间的运输困境

背景：在高层建筑的建筑工地，建筑材料需要从地面运输到各个楼层，目前主要使用塔吊或施工电梯，但在高峰期仍存在运输不及时的情况，影响施工进度。

分析：材料需要克服重力势能上升到不同楼层。塔吊吊运、施工电梯装载和提升，等待时间长，运输效率低。

提示：可以考虑在建筑物外部搭建与各楼层等势的临时运输轨道。能否开发一种能够快速爬升且承载量大的新型运输设备？

思考题 3：物流仓库中货物在不同高度货架间的调配问题

背景：物流仓库中有不同高度的货架，货物需要经常在这些货架之间进行调配，目前依靠叉车和人工搬运，成本高且容易出错。

分析：货物在不同高度货架具有不同的重力势能。叉车操作空间有限，人工搬运劳动强度大，调配速度慢。

提示：能否安装可以自动调整高度的货架，使货物在调配时处于等势位置？或者能否设计一种能够在货架间自由移动且升降的智能搬运设备？

5.3 振动原理

5.3.1 原理介绍

1. 原理概念

振动原理也被称为机械振动原理，主要指的是通过运用振动或振荡，以便将一种规则的、周期性的变化包含在一个平均值附近。这一原理不仅限于机械振动，还适用于电磁振荡等其他形式的振荡。TRIZ的振动原理强调，在物体处于振动状态时，可能产生新的特征或功能，从而提高系统的性能。

2. 具体指导细则

（1）使物体处于振动状态。

（2）如果振动存在，增加其振动频率，甚至可以增加到超声振动。

（3）使用共振频率。

（4）用压电振动代替机械振动。

（5）利用超声波振动和电磁场耦合（见图5-6）。

图5-6　超声波清洗眼镜

3. 振动原理的应用

振动原理主要应用于机械振动系统、光电振动系统、场振动系统等方向，例如，在汽车行业，振动原理应用于优化汽车发动机、悬挂系统、转向系等的设计，减少零部件振动噪声；在航空航天行业，帮助分析和优化飞行器的结构振动，改进动力学特性，提升稳定性和耐用性；在机械制造行业，降低机械设备的振动，提高设备的可靠性和稳定性；在建筑工程行业，分析和优化建筑结构的振动特性，确保安全性和稳定性，也可改善建筑物声学特性，减少噪声污染；在电子行业，减少振动对电子元件和连接的影响，提高电子设备的可靠性；在医疗方面，在高精度的医疗设备（如核磁共振仪）中，振动会干扰设备的正常运行和成像效果。通过振动原理，可以设计和控制振动，确保设备的稳定性和精确性。

由此可见，振动原理不仅在工业生产中有重要应用，还涵盖了从基础设施建设到高科技设备的广泛领域，对提升产品性能、保证安全性和提高用户体验都具有重要意义。

5.3.2 振动原理解决问题的具体操作步骤及注意事项

1. 振动原理解决问题的具体步骤

步骤一，问题识别。

确定需要改进或解决的对象，以及其存在的问题或期望达到的目标。

步骤二，考虑振动的可能性。

思考是否可以通过引入振动来改善情况，例如是否能使物体振动、提高振动频率、利用共振等。

步骤三，选择合适的振动方式。

根据具体情况，确定采用机械振动、压电振动、超声波振动等方式。

步骤四，设计振动系统。

包括确定振动源、振动频率、振幅等参数，以及如何将振动传递到目标物体上。

步骤五，进行实验和测试。

制造原型或在实际环境中进行测试，观察振动对问题的改善效果。

步骤六，优化和调整。

根据测试结果，对振动系统进行优化和调整，如改变振动参数、改进振动传递方式等。

2. 注意事项

（1）深入了解物体的特性。

了解其结构、材料、固有频率等，避免因振动导致物体损坏或产生不良影响。

（2）合理控制振动参数。

避免过度振动造成不必要的能量消耗、噪声或其他负面影响。

（3）注意共振的影响。

确保共振不会对系统或周围环境造成破坏性影响，同时充分利用有益的共振现象。

（4）安全考量。

特别是在涉及人员操作或使用的情况下，确保振动不会对人员造成伤害。

（5）成本和可行性。

考虑采用振动原理带来的成本增加是否在可接受范围内，以及在实际应用中的可行性。

5.3.3 案例分析

1. 案例

使用振动原理设计超声波清洗机。

2. 分析求解

步骤一，问题识别。

传统的清洗方式可能存在清洗不彻底或容易损伤物品的问题。利用振动原理中的超声波振动，其高频振动能够在液体中产生微小气泡，这些气泡在破裂时会产生强烈的冲击力，能够有效去除物品表面的污垢，同时由于超声波的能量集中在微观层面，不会对物品本身造成损伤。

步骤二，确定清洗目标。

明确要清洗的物品类型和尺寸，以及污垢的性质和程度。

步骤三，选择合适的超声波频率。

根据物品的特性和污垢的顽固程度，选择能够产生有清洗效果的超声波频率。一般来说，较高的频率适用于清洗较精细的物品，而较低的频率对于去除较重的污垢可能更有效。

步骤四，设计清洗槽和振动系统。

制造一个能够容纳清洗液和物品的清洗槽，并在槽内安装超声波发生器（振动源），确保超声波能够均匀地传播到整个清洗区域（见图 5-7）。

图 5-7　超声波清洗机

步骤五，选择清洗液。

根据物品和污垢的类型，选择合适的清洗液，以增强清洗效果。清洗液需要能够与超声波协同作用，更好地去除污垢。

步骤六，进行清洗操作。

将待清洗物品放入清洗槽中，加入适量的清洗液，启动超声波发生器。超声波的振动会在清洗液中产生微小气泡，气泡破裂时的冲击力会作用于物品表面，将污垢去除。

步骤七，控制清洗时间。

根据物品的污垢程度和清洗要求，控制清洗的时间，避免过长或过短的清洗时间导致清洗效果不佳或对物品产生不良影响。

步骤八，检查和后续处理。

清洗完成后，取出物品进行检查，确保污垢已被有效去除。如有需要，可进行进一步的处理，如烘干等。

5.3.4 思考题

以下是依据振动原理提供的三个思考题，每个思考题都将从背景、分析和提示三个角度展开。

思考题 1：桥梁振动与安全性

背景：桥梁作为连接两地的关键交通设施，其安全性至关重要。然而，桥梁在受到行人、车辆、风等外部激励时，会发生振动。过度的振动可能导致桥梁结构的疲劳和损坏，进而影响其安全性。

分析：识别桥梁振动的主要来源，如交通荷载、风荷载、地震等。分析不同来源的振动如何影响桥梁的结构响应，包括振幅、频率和模态。评估振动对桥梁安全性的影响，考虑材料的疲劳强度、结构的稳定性以及长期振动下的累积效应。

提示：研究桥梁的振动特性，包括其自然频率和模态。分析不同振动源对桥梁的具体影响。探讨如何通过监测和控制振动来确保桥梁的安全性。

思考题 2：乐器发声原理

背景：乐器能够发出丰富多样的声音，这些声音的产生与乐器的振动特性密切相关。了解乐器的发声原理有助于更好地理解声音的产生和传播。

分析：识别乐器发声时的振动源，如琴弦、鼓面、管体等。分析振动如何通过乐器结构传递，并转化为声音。探讨乐器的形状、材料等因素如何影响其发出的声音的音高、音量和音色。

提示：研究不同乐器的振动源和发声机制。分析乐器结构对声音特性的影响。探讨如何通过调整乐器结构来改变其发出的声音。

思考题 3：建筑结构的抗震设计

背景：地震是常见的自然灾害之一，对建筑结构造成巨大的威胁。合理的抗震设计能够减少地震对建筑的破坏，保护人们的生命财产安全。

分析：了解地震波的传播特性和对建筑的影响。分析建筑结构在地震波作用下的振动响应，包括振幅、频率和持续时间。探讨如何通过合理的结构设计和材料选择来提高建筑结构的抗震性能。

提示：研究地震波的传播特性和对建筑的影响。分析不同建筑结构在地震波作用下的振动响应。探讨有效的抗震设计策略和方法，包括结构形式、材料选择、隔震技术等。

5.4 气压或液压结构原理

5.4.1 原理介绍

1. 原理概念

气压或液压结构原理是利用气体或液体的可压缩性和流动性，通过压力的传递和变化来实现能量的转换、力的传递和运动的控制。在气压系统中，通常使用压缩空气作为工作介质；在液压系统中，则以液体（如油）为工作介质。

2. 具体指导细则

将物体的固体部分，用气体或流体代替，如充气结构、充液结构、气垫、液体静力结构和流体动力结构（见图 5-8）。

图 5-8　气垫运动鞋

3. 气压或液压结构原理的应用

气压或液压结构原理应用的范围也很广泛，例如，在工业制造行业中，主要负责在机床、冲压设备、注塑机等机械当中驱动工作部件来实现精确的运动和加工；在汽车行业中，用于制动系统、悬挂系统和转向助力系统等，提高车辆的操控性能和安全性；在航空航天行业中，用于飞机的起落架、液压控制系统当中；在建筑工程中又应用于起重机、混凝土泵车等大型设备的驱动与控制中。总而言之便是由固态系统向液态和气态系统发展，来实现更高的灵活性和效率。

5.4.2 气压或液压结构原理解决问题的具体操作步骤及注意事项

1. 气压或液压结构原理解决问题的具体步骤

步骤一，问题识别。

确定需要解决的具体问题，例如提高力量输出、减少机械部件数量或体积、增强系统控制等，明确系统的操作要求和环境条件，包括工作压力、温度范围、使用寿命等。

步骤二，设计初步方案。

根据问题需求，初步选择气压或液压作为解决方案的动力源，再设计基本的气压或液压系统架构，包括压力源、执行元件（如活塞、缸体）、控制元件（如阀门）、传动元件（如管道、软管）等。

步骤三，详细设计与优化。

深入设计气压或液压系统的各个组成部分，确保符合系统性能要求和安全标准，优化系统结构以提高效率、降低能耗或减少成本。

步骤四，材料与制造选择。

根据系统设计要求选择合适的材料，考虑其耐压、耐磨损、耐腐蚀等特性，确保制造过程符合相关标准，保证系统可靠性和稳定性。

步骤五，系统集成与测试。

将各个组件集成成完整的气压或液压系统，进行系统测试，包括性能测试（如力量输出、速度控制）、可靠性测试（如持久性测试、环境适应性测试）等。

步骤六，优化和调整。

调试系统以确保各部件协调工作，实现设计要求，根据测试结果进行系统优化，改进设计缺陷或性能不足之处。

2. 注意事项

（1）使用气压或液压结构原理解决问题时因为气压或液压系统通常涉及高压力

和高能量，需遵守相关安全规范，注意确保操作人员与设备的安全。

（2）在选材方面要选用符合要求的材料，考虑其与工作介质的兼容性和耐久性。

（3）同时系统设计应考虑到各种工作条件下的稳定性和可靠性，避免因设计缺陷导致故障或损坏。

（4）最后要在优化系统设计减少能耗的同时定期对系统进行维护与保养。

5.4.3 案例分析

1. 案例

使用气压或液压结构原理设计一个便携、轻便的水上航行、救援工具（见图5-9）。

图 5-9　利用气压结构得到的船体结构

2. 分析求解

步骤一，问题识别。

目标是设计一个能够提供水上航行功能，并且携带方便的交通工具。

步骤二，设计初步方案。

确定使用空气作为整体支撑的原理，执行功能时向船体充气，在携带时把里面的气体放尽，以达到轻便的目的。

步骤三，材料与制造选择。

选择耐压和耐磨损的材料，如高强度橡胶来制作船体的材料，用钢性瓶作存储空气的载具。

步骤四，系统集成与测试。

将气体冲入橡胶船体中，进行系统测试，包括负载测试和韧性测试。

步骤五，调试与优化。

调试气压系统以确保气体输入的效率和稳定性，优化控制系统，调整钢性瓶阀门响应和控制算法，以提高橡胶船的安全性和稳定性。

5.4.4 思考题

以下是依据气压或液压结构原理提供的三个思考题，每个思考题都将从背景、分析和提示三个角度展开。

思考题 1：新型包装材料

背景：一家物流公司计划引入新型充气包装材料以替代传统纸箱。

分析：充气包装材料如何利用气压或液压结构原理提高运输效率和降低成本？

提示：考虑充气包装的轻量化、缓冲效果、可压缩性及其对运输空间的利用。

思考题 2：新型幕墙

背景：某建筑工程公司希望开发一种新型的气压幕墙系统。

分析：气压幕墙相比传统幕墙有哪些优势？在设计过程中需要注意哪些关键因素？

提示：关注气压幕墙的隔音、隔热、通风性能及其与建筑结构的兼容性。

思考题 3：汽车助力转向系统设计

背景：一家汽车制造商正在研发一种新型液压助力转向系统。

分析：液压助力转向系统如何运用气压或液压结构原理提高驾驶安全性和舒适性？

提示：考虑液压系统的压力控制、响应速度、故障率及其对驾驶稳定性的影响。

5.5 不足或过量作用原理

5.5.1 原理介绍

1. 原理概念

不足或过量原理又叫作未达到或过度的作用原理，是指当技术系统中某个参数不足或过量时，可以通过增加或减少该参数来改善系统性能或解决问题。

这一原理强调了在解决问题时，不仅仅要考虑参数的正常范围，还要思考在不足或过量的极端情况下的创新解决方案。例如，如果一个系统的加热效果不足，可以尝试增加加热功率；而如果某个部件的强度过大导致成本过高，或许可以适当降低强度而通过其他方式来弥补性能。

2. 具体指导细则

当期望的效果难以百分之百实现时，稍微超过或稍微小于期望效果，会使问题大大简化（见图 5-10）。

图 5-10　推动活塞排空注射器内部空气

3. 不足或过量作用原理的应用

不足或过量作用原理广泛应用于多个行业，以下是其运用的具体例子。

在制造业应用：在机械加工中，如果刀具的磨损过快（不足），可以增加刀具的硬度或采用新的涂层；而如果某个零件的加工精度过高（过量）导致成本增加，可以在不影响整体性能的前提下适当降低精度。在电子行业应用：电池的续航能力不足时，可以增加电池容量或优化电源管理；而如果电子设备的散热系统过于强大（过量），可以减小散热装置的规模以降低成本和重量。在医疗领域行业应用：药物剂量不足可能达不到治疗效果，需要适当增加；但如果药物剂量过量，则可能产生副作用，需要精确控制。在能源领域应用：风力发电中，如果风力不足，可以增加风机的叶片长度或提高风机的效率；而在太阳能发电中，如果光伏板的数量过多（过量），可能导致成本过高，可以通过提高光伏板的转换效率来替代增加数量。

由此可见，通过对不足或过量作用原理的理解和应用，可以在各个行业中开拓创新思路，解决实际问题，提高系统的性能和效率

5.5.2 不足或过量作用原理解决问题的具体操作步骤及注意事项

1. 不足或过量作用原理解决问题的具体步骤

步骤一，问题识别。

清晰地定义问题，识别出需要改进或优化的具体方面，分析问题的本质，确定是否可以通过不足或过量的手段来简化或解决。

步骤二，资源分析。

评估系统中的可用资源，包括物质、能量、信息、功能等，确定哪些资源可能通过不足或过量的方式被有效利用。

步骤三，确定策略。

根据问题的特性和资源分析结果，决定是采用不足还是过量的策略，设计初步的实施方案，考虑如何通过调整资源量来解决问题。

步骤四，实施与验证。

将设计方案付诸实践，进行试验或模拟以验证其效果，观察并记录实施过程中的变化和结果，评估是否达到预期目标。

步骤五，优化和调整。

根据验证结果对方案进行优化和调整，确保最终解决方案的有效性和可行性，考虑后续可能需要的改进措施或维护计划。

2. 注意事项

（1）精确控制。

在实施不足或过量的策略时，需要精确控制资源量的调整幅度，避免过度偏离理想状态，定期检查并调整资源量，以确保系统性能的稳定性和可持续性。

（2）综合评估。

在选择不足或过量的策略时，要综合考虑多种因素，包括成本、效率、安全性等，确保所选策略在解决当前问题的同时，不会引入新的或更严重的问题。

（3）灵活应变。

在实施过程中，要密切关注系统性能和外部环境的变化，及时调整策略以应对不确定性和风险，保持与团队成员和相关利益方的沟通，确保信息的畅通和协作的顺畅。

5.5.3 案例分析

1. 案例

在工厂切割钢管时，要生产一批相同直径，相同长度的钢管，切割机器只能相隔固定的时间对钢管进行切割，降低了钢管的生产速度（见图 5-11）。

图 5-11 工厂切割钢管

2. 分析求解

步骤一，问题识别。

问题的核心是切割器切割固定长度的钢管对钢管的出品速度造成了影响。

步骤二，资源分析。

考虑到切割机切割钢管的速度难以再提升，钢管的生产速度也处于一个固定值，决定对切割步骤进行改进。

步骤三，确定策略。

采用不足的策略，在切割每一段钢管时不把钢管切割完全，只切割到四分之三处，通过此方法来加快切割的效率，最后再统一通过振动来切断钢管。

步骤四，实施与验证。

在加工生产线上按照策略进行，对每一根钢管的切割不进行到底，通过最后一步的振动来实现钢管的分离。

步骤五，优化与调整。

根据长期运行数据和反馈结果，对钢管的切割程度进行进一步优化和调整，制订维护计划和应急预案，以应对可能出现的设备故障或环境突变情况。

5.5.4 思考题

以下是依据不足或过量作用原理提供的三个思考题，每个思考题都将从背景、分析和提示三个角度展开。

思考题 1：提高产品包装速度

背景：某工厂的生产线上，产品的包装速度无法满足订单需求。

分析：包装速度低可能是由于包装设备的性能限制、操作人员的熟练程度不够、包装材料供应不及时等原因。需要对这些可能的因素进行深入分析，确定是哪些因素导致了包装速度过慢。

提示：可以考虑引入更先进的自动化包装设备来提高速度，或者增加操作人员并加强培训，也可以优化包装材料的供应流程。

思考题 2：提高包裹分拣的正确率

背景：一家快递公司的分拣中心，包裹分拣错误率过高。

分析：分拣错误率过高可能是因为分拣设备的精度不够、分拣流程不合理、工作人员疲劳或疏忽等。需要对这些因素进行逐一排查，确定主要影响因素。

提示：可以通过升级分拣设备提高精度，重新设计更合理的分拣流程，或者采用智能化的监控系统来减少人为错误。

思考题 3：提高手机电池续航能力

背景：某手机的电池续航能力不能满足用户一天的正常使用需求。

分析：电池续航不足可能是由于电池容量小、手机硬件功耗大、软件优化不佳等原因。需要对手机的硬件和软件进行全面评估。

提示：可以考虑增大电池容量，优化硬件设计降低功耗，或者对系统软件进行深度优化以节省电量。

第 6 章 基于材料或形态属性的发明原理详解及应用案例分析

6.1 多孔材料原理

6.1.1 原理介绍

1. 原理概念

多孔材料原理，是指通过在物体上设置多孔结构，来提高其灵活性、可维护性和可重用性，从而解决设计中的矛盾和问题。

2. 具体指导细则

（1）使物体变为多孔或加入多孔物体，如多孔嵌入物或覆盖物（见图 6-1）。

图 6-1 多孔物体：作为保温层的多孔墙体材料

（2）如果物体已是多孔的，用这些孔引入有用的物质或功能。

3. 多孔材料原理的应用

多孔材料原理在多个领域中有着广泛的应用。在电子产品设计方面，可以通过引入多孔材料结构，实现散热效率的提高。当电子产品运行时，会产生大量的热量，而多孔材料可以有效吸收这些热量，通过热交换和扩散，降低产品温度，提高其稳定性和可靠性。在机械制造方面，多孔材料原理可以应用于可拆卸式结构设计，通过在机械部件中设置多孔结构，可以增加部件之间的连接点，使得机械部件可以更加灵活地组合和拆卸，提高机械设备的维护性和可扩展性。在医疗领域，多孔材料原理可以应用于生物材料的开发，例如，多孔的陶瓷或塑料材料可以作为植入物的制作材料，这些植入物可以与人体组织良好接触，同时吸收组织液和营养物质，促进伤口愈合。

此外，多孔材料原理还可以应用于过滤和吸附领域。例如，多孔的活性炭材料可以用于空气过滤、水处理和化学试剂的吸附和净化等方面。通过引入多孔材料结构实现产品设计的优化，解决了产品设计中的许多问题。

6.1.2 多孔材料原理解决问题的具体操作步骤及注意事项

1. 多孔材料原理解决问题的具体步骤

步骤一，问题识别。

分析问题所在系统的需求和现有矛盾，确定需要减轻重量、增强透气性、提高浮力、增加吸水性等目标。

步骤二，选择合适的多孔材料。

根据问题的需求，选择合适的多孔材料，如泡沫金属、泡沫塑料、多孔陶瓷等。

步骤三，设计多孔结构。

设计孔隙的大小、形状和分布，以满足特定功能需求，如提高材料的吸水性、过滤性能或减重。

步骤四，制造多孔材料。

通过物理或化学方法制造多孔结构，例如使用泡沫技术、模板法、发泡剂等。

步骤五，填充或处理多孔材料。

根据需要，在多孔材料的小孔中填充特定物质，如液体、气体或固体，以增强其功能性。

步骤六，集成到系统中。

将多孔材料集成到原有的系统中，确保与系统的其他部分兼容。

步骤七，测试与优化。

对改进后的系统进行测试，评估其性能是否满足预期目标，并根据测试结果进行优化。

通过遵循上述步骤，可以有效地使用多孔材料原理来解决问题，并提高系统的整体性能。

2. 注意事项

孔隙结构的大小和分布应精确设计，避免影响材料的整体强度或其他重要性能；选择合适的填充物质，确保其与多孔材料的兼容性，并且不会对系统的其他部分产生负面影响。

6.1.3 案例分析

1. 案例

窗户表面容易积累灰尘和污垢，需要频繁清洁，但人工清洁既费时又费力，需要设计一款具有自清洁功能的窗户（见图6-2）。

图 6-2　传统擦玻璃

2. 分析求解

步骤一，识别问题。

确定需要解决的问题，窗户暴露在外界环境中，受到灰尘和污染物的侵袭，如何减少人工参与（无须擦拭），即可使玻璃变干净。

步骤二，选择合适的多孔材料。

选择一种具有超疏水性的多孔材料，如经过特殊处理的氧化铝多孔陶瓷。

步骤三，设计多孔结构。

设计具有微纳米结构的表面，这种表面能够模仿自然界中的超疏水植物（如荷叶）。确保孔隙的大小和形状能够使水分在表面上形成几乎完美的球形，从而实现超疏水性。

步骤四，制造多孔材料。

使用模板法或化学气相沉积（CVD）技术来制造具有超疏水性的多孔材料。

步骤五，填充或处理多孔材料。

在多孔材料的表面涂覆一层疏水性涂层，以增强其超疏水性。涂层材料可以是疏水性聚合物或纳米颗粒，这些材料可以填充到多孔材料的孔隙中。

步骤六，集成到系统中。

将这种超疏水性多孔材料集成到窗户设计中，确保它与窗户框架和玻璃兼容。或者设计一个使得水滴在窗户表面滚动时能够带走灰尘和污垢的系统，水滴在超疏水性表面上滚动时，会形成一种"荷叶自洁效应"，即水滴能够收集并带走灰尘和污垢。

步骤七，测试与优化。

对装有超疏水性多孔材料的窗户进行测试，评估其自清洁效果和耐久性。根据测试结果，对材料的疏水性、孔隙结构或喷水系统进行调整和优化，以确保最佳的自清洁性能。

通过上述流程，这款窗户能够实现自清洁功能，减少人工清洁的需求，从而提高窗户的维护效率和用户便利性（见图6-3）。

图6-3 自清洁玻璃

6.1.4 思考题

以下是依据多孔材料原理提供的三个思考题，每个思考题都将从背景、分析和提示三个角度展开。

思考题1：如何利用多孔材料原理设计一种高效的空气过滤系统？

背景：随着环境污染问题日益严重，空气净化器已成为许多家庭必备的电器。设计一种高效的空气过滤系统对于改善室内空气质量具有重要意义。

分析：多孔材料原理可以应用于空气过滤系统中，通过增大过滤面积、提高过滤效率，从而达到净化空气的目的。多孔材料的孔隙大小和分布对其过滤性能有重要影响。

提示：考虑当前空气污染的主要成分，如$PM_{2.5}$、甲醛等，研究不同孔隙大小和分布的多孔材料对空气过滤性能的影响。设计一种多孔材料构成的空气过滤系统，使其具有高过滤效率、低阻力、易清洗等特点。

思考题 2：如何利用多孔材料原理改进风力发电机叶片的设计？

背景：风力发电机叶片的重量和刚度对其性能有直接影响。减轻叶片重量可以降低风力发电机的成本，提高发电效率。

分析：多孔材料原理可以应用于风力发电机叶片的设计，通过在叶片中填充多孔材料，既可以保证叶片的稳定性，又能减轻其重量。此外，多孔材料还能提高叶片的耐磨性和耐腐蚀性。

提示：考虑风力发电机叶片的材料、重量和刚度对其性能的影响，研究多孔材料在风力发电机叶片中的应用，如填充泡沫塑料、玻璃纤维等。设计一种具有多孔结构的风力发电机叶片，实现减轻重量、提高稳定性的目的。

思考题 3：如何利用多孔材料原理开发一种新型高效能源储存设备？

背景：随着可再生能源的快速发展，能源储存设备的需求日益增加。开发一种新型高效能源储存设备对于推动可再生能源的利用具有重要意义。

分析：多孔材料原理可以应用于能源储存设备的设计，通过增加储存单元的表面积，提高能量储存效率。多孔材料具有良好的导电性和化学稳定性，适用于储存液态氮、含酒精的医用消毒棉球等。

提示：考虑当前能源储存设备的类型、效率和安全性，研究多孔材料在能源储存设备中的应用，如海绵储存液态氢、多孔海绵状胶水头等。设计一种基于多孔材料的新型高效能源储存设备，实现高能源储存效率、长寿命、低成本的目标。

6.2 变换颜色原理

6.2.1 原理介绍

1. 原理概念

变换颜色原理是指通过改变物体或其环境的颜色或透明度，来增强或减弱视觉特征，从而提升系统功能。

2. 具体指导细则

（1）改变物体或环境的颜色。

（2）改变一个物体的透明度，或改变某一过程的可视性（见图6-4）。

（3）采用有颜色的添加物，使不易被观察到的物体或过程被观察到。

图 6-4　墨镜

（4）如果已增加了颜色添加物，则采用发光的轨迹。

3. 变换颜色原理的应用

在制造业，改变颜色原理可以应用于产品设计和制造过程。例如，通过为机器部件或工具涂上不同颜色，以便于工人快速识别和操作，提高工作效率。在汽车行业中，使用特定颜色的涂装技术，可以增强车辆的安全性和美观性。在医疗领域，改变颜色原理用于提高诊断和治疗的准确性。例如，在医学影像中，通过改变图像的颜色，使医生更容易识别和分析病变组织。在手术过程中，使用不同颜色的手术器械，有助于医生快速区分和操作。在交通行业，改变颜色原理同样具有重要应用。交通信号灯和警示标志使用不同颜色，有助于驾驶员和行人快速识别路况，提高交通安全。此外，在道路设计中，通过改变路面颜色，可以区分机动车道、人行道和非机动车道，维护交通秩序。在广告和传媒行业，改变颜色原理被广泛应用于视觉设计，以吸引消费者的注意力。例如，在广告设计中，使用鲜明、对比的颜色搭配，可以增强广告的视觉冲击力，提升广告效果。

总之，改变颜色原理在各个行业领域的应用，主要体现在提高工作效率、增强安全性、优化视觉效果等方面，为创新设计和改进产品提供了有力支持。

6.2.2 变换颜色原理解决问题的具体操作步骤及注意事项

1. 变换颜色原理解决问题的具体步骤

步骤一，问题识别。

首先要明确需要解决的问题是什么，比如提高某个对象的可见性，或者需要区分不同状态或特征。

步骤二，分析环境。

观察和分析物体所在的环境，包括光照条件、背景颜色、观察者的视觉特性等。

步骤三，选择颜色。

根据需要强调或减弱的特征，选择合适的颜色。例如，为了突出某个部件，可以将其涂成与背景对比鲜明的颜色。

步骤四，应用颜色。

将选定的颜色应用于物体或其周围环境。这可以通过涂漆、染色、使用颜色添加剂或贴纸等方式实现。

步骤五，测试效果。

在实际环境中测试改变颜色后的效果，确保颜色的改变能够达到预期目的。

步骤六，优化调整。

根据测试结果，对颜色选择或应用方法进行优化调整，直到满足需求。

步骤七，实施与监控。

在实施改变颜色原理的解决方案后，持续监控效果，确保颜色改变能够长期有效。

2. 注意事项

（1）考虑不同光照和背景情况下颜色的表现，确保在各种环境中都能达到预期效果。

（2）不同文化对颜色的理解和象征意义可能不同，应避免使用可能引起误解的颜色组合。

（3）确保颜色方案的长期有效性，避免频繁变动造成用户混淆。

6.2.3 案例分析

1. 案例

提高工厂流水线上某一关键部件的可见性，以减少操作错误，提升生产效率。

2. 分析求解

步骤一，问题识别。

在工厂流水线上，操作员经常错过或错误识别某一关键部件，导致生产效率降低（见图 6-5）。

图 6-5　传统生产线

步骤二，分析环境。

光照条件：流水线上的照明条件是否均匀，是否有阴影区域。

背景颜色：流水线背景颜色以及周围设备颜色。

观察者视觉特性：操作员的视觉敏感度和疲劳程度。

步骤三，选择颜色。

为了提高关键部件的可见性，选择一种与背景颜色形成强烈对比的颜色。例如，如果背景主要是灰色和蓝色，可以选择亮橙色或红色。

步骤四，应用颜色。

将选定的颜色（如亮橙色或红色）涂在关键部件上。确保颜色涂层均匀，不影响部件的其他功能。

步骤五，测试效果。

在实际流水线上测试新涂层的可见性，观察操作员是能够更容易地识别关键部件。收集操作员反馈，了解颜色变化是否可以提高部件的可见性。

步骤六，优化调整。

根据测试结果和操作员反馈，对颜色选择或应用方法进行优化。例如，如果颜色过于刺眼导致视觉疲劳，可以尝试使用稍微柔和的色调。也可以考虑添加额外的视觉提示，如反光材料或图案，以进一步提高可见性。

步骤七，实施与监控。

完成颜色更改和优化调整后，在流水线上全面实施新的颜色方案。定期监控部件的识别效果，确保颜色改变能够长期有效。继续收集操作员反馈，评估颜色方案对生产效率和质量的影响，必要时进行调整（见图 6-6）。

图 6-6　加颜色标识后的生产线

6.2.4 思考题

以下是依据变换颜色原理提供的三个思考题，每个思考题都将从背景、分析和提示三个角度展开。

思考题 1：如何在工业生产过程中应用变换颜色原理，以提高产品质量与检测效率？

背景：随着工业自动化和智能制造技术的发展，如何提高产品质量和检测效率成了企业关注的重要问题。

分析：变换颜色原理能够通过改变物体或其环境的颜色、透明度等特性，增强物体生产过程的可观测性。工业生产过程中，产品的质量检测和过程监控是关键环节，如何快速、准确地发现产品和过程中的异常，对于提高生产效率和降低成本具有重要意义。

提示：研究如何改变生产线周围环境的颜色，以便在检测过程中突出目标物体，例如，使用不同颜色的背景板，以增强目标物体的颜色对比度。利用现代图像处理技术和颜色识别算法，实时监控生产线上的产品颜色变化，并通过智能分析系统判断产品是否达到质量标准。当检测到颜色变化异常时，系统应能够实时反馈给操作员，并自动调整生产线的工作参数，以确保产品质量。

思考题 2：如何在医疗影像诊断中利用颜色变换原理开发一种新的影像处理技术，以帮助医生更准确地识别和诊断早期肺癌？

背景：肺癌是全球最常见的恶性肿瘤之一，早期诊断对治疗和提高生存率来说至关重要。传统的 CT 扫描在检测早期肺癌时，由于肿瘤体积较小，往往难以发现。

分析：探讨如何通过颜色变换技术，将 CT 影像中的肺部组织与肿瘤区域进行区分。设计一种颜色变换算法，能够增强肿瘤区域的可见性，同时减少影像噪声的干扰。

提示：结合机器学习技术，训练模型自动识别和标记肿瘤区域，然后应用颜色变换技术增强可视化。评估颜色变换后的影像对医生诊断早期肺癌的提升效果。

思考题 3：如何利用温致变色材料设计一款智能温控杯？

背景：在日常生活中，保温杯是人们常用的物品，但其保温效果无法直观显示，人们往往需要打开杯子才知道杯内液体的温度。而温致变色材料能够在温度变化时改变颜色，这一特性可以被应用于设计智能化的日常用品。

分析：温致变色材料能够在达到特定温度时改变颜色，这一特性可以用来体现杯内液体的温度。设计智能温控杯，需要考虑到材料的耐热性、安全性以及颜色的变化范围。杯子的外观设计、颜色的选择以及温度与颜色对应关系的设定都需要仔细考虑，以确保其功能性和实用性。

提示：设计前，需要对温致变色材料的性能进行充分研究，确保其在饮用温度范围内安全无害。可以设计不同的颜色来代表不同的温度范围，例如，绿色代表冷饮，红色代表热饮。考虑将温致变色材料应用于杯子的内侧，这样既可以保护材料不受外部环境影响，又能在使用杯子时清楚温度变化。可以结合现代审美和实用性，将智能温控杯设计成时尚的日常用品，吸引消费者的注意。设计时还要考虑到产品的成本和批量生产的可行性，以确保产品的市场竞争力。

6.3 同质性原理

6.3.1 原理介绍

1. 原理概念

同质性原理，是指通过增加系统的同质性，即相似性或一致性，来改善系统性能或解决矛盾。

2. 具体指导细则

采用相同或相似的物质制造与某物体相互作用的物体（见图 6-7）。

图 6-7　金刚石切割钻石

3. 同质性原理的应用

同质性原理在多个领域中有着广泛的应用。在材料科学领域，同质性原理的应用体现在开发多功能复合材料上。例如，通过将纳米材料与基体材料结合，形成具有相似属性的复合材料，可以有效提高材料的力学性能、耐热性和导电性，满足航空航天、汽车制造等行业的特殊需求。在医药领域，同质性原理被应用于药物载体和缓释系统的研发。可溶性药物胶囊是一个典型例子，胶囊材料与药物具有相似的属性，进入人体后能够顺利分解，减少了对人体的副作用，同时也保证了药物的稳定释放。在食品工业中，同质性原理的运用体现在开发可食用包装材料。例如，利用鸡蛋和淀粉制造装冰激凌、蛋挞的容器，这些容器与食品具有相同的可食用属性，既环保又节省资源。在电子行业，同质性原理被应用于电路板的制造。通过使用相同或相似的材料，可以减少电路板之间的兼容性问题，提高电子设备的可靠性和稳定性。

同质性原理在各个行业领域的应用，不仅有助于解决技术难题，还能提高产品的性能和可靠性，推动行业技术的进步和创新。

6.3.2 同质性原理解决问题的具体操作步骤及注意事项

1. 同质性原理解决问题的具体步骤

步骤一，问题识别。

明确要解决的问题是什么，包括问题的背景、目标和期望的结果。

步骤二，分析系统组件。

确定系统中相互作用的各个组件，分析这些组件的物理和化学属性。

步骤三，识别同质材料或属性。

根据主物体的材料或属性，寻找具有相似性材料或属性的物体。确定这些材料或属性在系统中的作用和相互作用。

步骤四，设计同质系统。

设计一个使用同种或相似材料或属性的解决方案。考虑如何使这些材料或属性在系统中协同工作，以达到优化目的。

步骤五，原型制作和测试。

制作原型，并在实际环境中进行测试。观察系统的性能，验证是否达到了预期效果。

步骤六，评估和优化。

根据测试结果，评估解决方案的有效性。进行必要的调整和优化，以进一步提高系统性能。

2. 注意事项

要确保所选的同质材料或属性在系统中具有良好的兼容性，不会产生负面影响，以及考虑同质系统在后期维护中的便利性，例如减少备用材料的种类。

遵循上述步骤和注意事项，可以有效地使用同质性原理来解决问题，优化系统性能，并确保解决方案的可持续性和可靠性。

6.3.3 案例分析

1. 案例

使用同质性原理来提升太阳能电池效率（见图 6-8）。

图 6-8　传统太阳能电池吸收光线

2. 分析求解

步骤一，问题识别。

太阳能作为一种清洁能源，具有广阔的应用前景。然而，太阳能电池的转换效率仍有待提高。通过优化太阳能电池的材料和结构，提高其光电转换效率。希望实现高效、稳定的太阳能电池性能。

步骤二，分析系统组件。

硅片：太阳能电池的基础材料。

抗反射层：减少光的反射，提高光的吸收率；

电极：收集和导出产生的电流。

电池封装材料：保护电池免受外界环境影响。

步骤三，识别同质材料或属性。

在硅片上寻找具有相似能带结构的材料，以提高电子空穴对的产生，使用与硅片折射率相近的材料作为抗反射层，减少光的反射。

步骤四，设计同质系统。

选择与硅片能带结构匹配的半导体材料，例如硅锗（SiGe），作为电池的吸收层。使用折射率与硅片相近的介质材料，如二氧化硅（SiO_2），作为抗反射层。优化电极材料和设计，以确保与硅片的高接触度和低电阻。

步骤五，原型制作和测试。

制作含有 SiGe 吸收层和 SiO_2 抗反射层的太阳能电池原型。在模拟太阳光环境下测试电池的光电转换效率。记录测试数据，包括电流 电压特性曲线和效率值。

步骤六，评估和优化。

根据测试结果，评估新设计的太阳能电池效率是否达到预期目标。分析数据，找出可能的性能瓶颈。调整材料选择或电池结构，例如优化 SiGe 层的厚度，以进一步提高效率。重复原型制作和测试过程，直至达到满意的性能。

通过上述流程，可以系统地应用同质性原理来解决提高太阳能电池效率的问题，从而推动清洁能源技术的发展（见图 6-9）。

图 6-9　改变材料提高效率

6.3.4 思考题

以下是依据同质性原理提供的三个思考题，每个思考题都将从背景、分析和提示三个角度展开。

思考题 1：如何在设计环保材料时应用同质性原理？

背景：随着环保意识的增强，越来越多的设计师和工程师开始关注环保材料的应用。在同质性原理的指导下，使用与主物体相同或相似的材料可以减少对环境的影响。

分析：环保材料的设计需要考虑材料的来源、使用寿命以及废弃后的处理问题。同质性原理建议使用与主物体相似的材料，这样在废弃后可以更容易地进行回收和处理，减少环境污染。

提示：设计一个可降解的食品包装材料，该材料应与食品本身具有相似的化学组成，例如使用淀粉或纤维素作为主要成分。

思考题 2：如何将同质性原理应用于药物缓释系统？

背景：药物缓释系统是为了控制药物释放速率，延长药效时间而设计的。利用同质性原理，可以设计出更加安全有效的缓释系统。

分析：药物缓释系统的设计需要考虑药物释放的稳定性和人体的兼容性。同质性原理建议使用与药物本身或人体组织相似的材料，以减少副作用和排斥反应。

提示：设计一种用于口服的药物胶囊，该胶囊材料应与胃液中的成分相似，以确保胶囊在胃中能够顺利分解，释放药物。考虑到人体组织的特性，设计一种用于植入的药物缓释系统，该系统的材料应与人体组织具有相似的生物相容性，以减少排斥反应。

思考题 3：如何在软件开发中应用同质性原理以减少系统复杂性？

背景：软件开发中，系统的复杂性往往会导致维护难度增加和性能下降。同质性原理在软件开发中的应用可以帮助简化系统结构。

分析：软件系统的复杂性主要来源于模块间的异质性和依赖关系。同质性原理建议使用相似的设计模式、编程语言和开发工具，以减少系统间的差异和兼容性问题。

提示：在开发一个大型软件系统时，选择一种统一的编程语言和框架，确保所有模块都遵循相同的设计规范，以减少模块间的差异。设计一个软件模块重用策略，通过使用标准化的代码库和组件，确保新开发的模块与现有系统具有相似性，从而提高系统的整体稳定性和可维护性。

6.4 参数变化原理（物理 / 化学参数和状态）

6.4.1 原理介绍

1. 原理概念

参数变化原理，是指通过改变系统或组件的某些参数，以达到解决矛盾的目的。

2. 具体指导细则

（1）改变物体的物理状态，即使物体在气态、液态、固态之间变化（见图 6-10）。

图 6-10　固态洗手皂转变为液态洗手液

（2）改变物体的浓度或黏度。

（3）改变物体的柔性。

（4）改变温度。

（5）改变压力。

3. 参数变化原理的应用

参数变化原理在多个领域中有着广泛的应用。在材料加工和产品设计中，通过改变金属材料的温度、压力等参数，可以实现材料的塑性变形，从而制造出复杂的零件。在塑料注塑过程中，通过调节模具温度和压力，可以控制产品的尺寸和形状，提高生产效率和产品质量。在建筑设计方面，通过调整建筑材料的密度、强度和弹性等参数，可以设计出更具抗震性、耐久性和美观性的建筑；通过改变建筑物的空间布局和体积，可以优化空间利用，提高居住和使用的舒适度。在生物医药方面，通过改变药物分子的结构参数，可以优化药物的作用效果和生物利用度。在生物材料设计中，通过调整材料的力学性能和生物相容性，可以开发出用于人体修复和替代的新型生物材料。在新能源方面，通过改变太阳能电池的光吸收层厚度、成分和结构参数，可以提高太阳能电池的转换效率和稳定性。在风力发电方面，通过调整风轮叶片的形状和材料参数，可以优化风力机的性能和发电效率。

参数变化原理在通过调整系统参数，可以优化产品性能、提高生产效率和降低成本，为创新设计和产业发展提供了有力支持。

6.4.2 参数变化原理解决问题的具体操作步骤及注意事项

1. 参数变化原理解决问题的具体步骤

步骤一，问题识别。

确定需要解决的问题，以及期望达到的目标。

步骤二，收集和分析数据。

收集与问题相关的数据和参数信息，分析数据以确定哪些参数对问题有显著影响。

步骤三，建立模型或假设。

基于收集到的数据，建立问题的数学模型或假设，确定模型中的关键参数。

步骤四，设计参数变化方案。

设计参数变化的方案，包括参数的范围、步长、变化顺序等。

步骤五，实施方案。

按照设计方案，对参数进行逐一调整，记录每次调整后的结果。

步骤六，监控和评估结果。

监控参数变化后的系统表现或结果，评估结果是否符合预期目标。

步骤七，反馈和优化。

根据评估结果，调整参数变化方案，重复实施和评估，直至达到预期目标。

2. 注意事项

在调整参数时，确保操作的安全性，特别是在涉及机械、电气或其他危险操作时，以及记录每次参数调整的详细信息，包括调整的参数、调整后的结果等，保持文档的可追溯性。

通过上述步骤和注意事项，可以有效地使用参数变化原理来解决问题，并确保操作的正确性和安全性。

6.4.3 案例分析

1. 案例

某塑料制品公司希望提高其生产的一款塑料瓶的生产效率和产品质量。

2. 分析求解

步骤一，问题识别。

问题是塑料瓶尺寸不稳定，生产效率低，产品质量参差不齐。目标是通过调节模具温度和压力，提高产品的尺寸精度，提升生产效率和产品质量。

步骤二，收集和分析数据。

收集现有生产线的模具温度、压力数据，以及塑料瓶的尺寸、形状等相关参数。分析数据，确定模具温度和压力对产品尺寸和形状的影响程度。

步骤三，建立模型或假设。

基于收集到的数据，建立塑料瓶尺寸与模具温度、压力之间的数学模型。假设模具温度和压力的变化对产品尺寸和形状有线性关系。

步骤四，设计参数变化方案。

确定模具温度和压力的调节范围、步长和变化顺序。设计实验方案，包括不同温度和压力组合下的生产实验。

步骤五，实施方案。

按照设计方案，逐一调整模具温度和压力，记录每次调整后的生产数据。

例如，设定以下参数组合进行实验（见图 6-11）。

温度 1：160 ℃，压力 1：30 MPa。

温度 2：165 ℃，压力 2：35 MPa。

温度 3：170 ℃，压力 3：40 MPa。

每次调整后，观察塑料瓶的尺寸和形状变化。

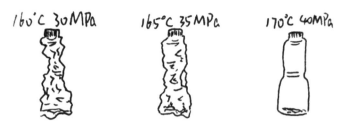

图 6-11　随压力和温度变化塑料瓶形状变化记录

步骤六，监控和评估结果。

监控实验过程中塑料瓶的尺寸、形状和质量变化。评估每次调整后的结果，与预期目标进行对比，判断是否达到要求。

步骤七，反馈和优化。

根据评估结果，对模具温度和压力进行调整。例如，如果发现温度 1 和压力 1 组合下产品尺寸过小，可以尝试提高温度和压力。重复实施和评估，直至找到最佳的模具温度和压力，使产品尺寸稳定，生产效率和产品质量得到提升。

通过这个过程，公司成功实现了塑料瓶尺寸和形状的精确控制，提高了生产效率和产品质量。

6.4.4 思考题

以下是依据参数变化原理提供的三个思考题，每个思考题都将从背景、分析和提示三个角度展开。

思考题 1：如何利用参数变化原理优化农作物种植方案？

背景：随着全球气候变化和人口增长，提高农作物产量和使农作物适应环境变化成为农业发展的重要课题。参数变化原理在此背景下具有很大的应用潜力。

分析：参数变化原理可以通过调整农作物的生长环境（如温度、湿度、光照等）和生长周期（如生育期、收获期等），实现对农作物种植方案的优化。此外，还可以通过改变种植密度、施肥量和灌溉方式等，进一步优化农作物种植方案。

提示：从参数变化的角度，思考以下问题。①如何调整农作物的生长环境，以适应气候变化和市场需求？② 如何优化农作物的生长周期，以提高产量和经济效益？③如何通过改变种植密度、施肥量和灌溉方式等因素，以实现农业可持续发展？

思考题 2：如何运用参数变化原理提高新能源汽车续航里程？

背景：新能源汽车的发展已经成为全球汽车产业的重要趋势。提高新能源汽车的续航里程是消费者和制造商关注的核心问题。

分析：参数变化原理可以应用于新能源汽车的动力系统、能源管理系统和驾驶模式等方面。通过调整动力系统的参数（如电池容量、电机性能等），优化能源管理系统（如能量回收策略、充电策略等），以及改变驾驶模式（如节能驾驶、运动驾驶等），提高新能源汽车的续航里程。

提示：从参数变化的角度，思考以下问题。①如何调整新能源汽车的动力系统参数，以实现更高的续航里程？② 如何优化能源管理系统，以提高能量利用效率？③如何改变驾驶模式，以适应不同路况和驾驶需求？

思考题 3：如何运用参数变化原理优化城市交通系统？

背景：随着城市化进程的加快，交通拥堵和环境污染成为许多城市的难题。优化城市交通系统对于提高城市居民生活质量具有重要意义。

分析：参数变化原理可以应用于城市交通系统的规划、管理和运行等方面。通过调整交通信号灯的配时、优化公共交通线路和班次、改变交通需求管理等措施，实现城市交通系统的优化。

提示：从参数变化的角度，思考以下问题。①如何调整交通信号灯的配时方案，以提高道路通行效率？②如何优化公共交通线路和班次，以满足不同时段和区域的出行需求？③如何运用交通需求管理策略，以降低交通拥堵和环境污染？

6.5 相变原理

6.5.1 原理介绍

1. 原理概念

相变原理，是指通过改变物质的状态或相，从而解决技术问题，强调利用物质在不同相态之间的转换来实现技术突破。

2. 具体指导细则

在物质状态变化过程中实现某种效应（见图 6-12）。

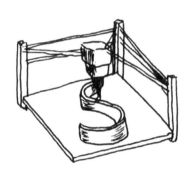

图 6-12　增材制造（材料相变，固态到液态再到固态）

3. 相变原理的应用

相变原理在多个领域中有着广泛的应用。在材料科学中，通过相变控制材料的性能，如超导材料在低温下的相变，可以实现高效的能量传输。在工程领域，利用相变原理可以实现热能的有效转换和储存，如在太阳能热发电系统中，通过相变材料吸收和储存热量，提高能源利用效率。

此外，相变原理还可以应用于药物载体设计，通过改变药物在人体内的相态，实现靶向释放，提高药物的治疗效果。在环保领域，相变原理也被用于处理和回收有害物质，通过相态转换将有害物质转变为无害或低害形态。

6.5.2 相变原理解决问题的具体操作步骤及注意事项

1. 相变原理解决问题的具体步骤

步骤一，问题识别。

确定需要解决的问题或需要改进的技术系统，分析系统中可能存在的矛盾或需要优化的性能。

步骤二，确定相变原理的应用。

考虑系统中是否存在可以利用的相变过程，如气体、液体、固体之间的转换，确定相变过程中可能产生的效应，如体积变化、吸热或放热等。

步骤三，选择合适的材料。

根据需要实现的效果，选择合适的材料，该材料能在特定条件下发生相变。

步骤四，设计相变过程。

设计相变发生的条件，如温度、压力等。确定相变过程中系统各部分的变化，如体积膨胀或收缩。

步骤五，实施相变。

在系统中引入相变过程，通过控制温度、压力等参数触发相变。观察相变过程中系统的行为，确保相变按照预期进行。

步骤六，利用相变效应。

利用相变产生的效应（如体积变化、吸热或放热）来实现所需的功能或解决特定问题。例如，利用气体变为液体的体积减小来压缩存储空间。

步骤七，优化系统。

根据相变的效果，对系统进行优化，提高性能或解决原有的矛盾。

通过遵循上述步骤，可以有效地使用相变原理来解决问题，并提高系统的整体性能。

2. 注意事项

考虑相变过程中可能产生的副作用，如高温、高压等，以及确保相变过程的稳定性，避免因条件波动导致相变失败或系统崩溃。

6.5.3 案例分析

1. 案例

利用相变原理改进建筑物的热管理系统。

2. 分析求解

步骤一，问题识别。

现代建筑物需要有效的热管理系统来保持室内温度舒适，同时减少能源消耗。传统系统通常使用空气调节，但这种方法效率不高且耗能大。

步骤二，确定相变原理的应用。

考虑到建筑物内部温度变化较小，可以采用相变材料（PCM）来存储和释放热量。PCM 在相变过程中能够吸收或释放大量的热量，而温度变化不大，这使得 PCM 成为热管理系统的理想选择。

步骤三，选择合适的材料。

选择一种相变温度接近室内舒适温度（如 20～25 ℃）的 PCM 材料，例如石蜡或脂肪酸，确保 PCM 材料具有良好的热稳定性和化学稳定性。

步骤四，设计相变过程。

设计 PCM 的封装方式，使其能够嵌入到建筑物的墙壁或家具中，确定 PCM 的相变温度和相变热量，以满足热管理需求。

步骤五，实施相变。

将 PCM 材料安装到建筑物内部，如墙体内层或天花板。当室内温度升高时，PCM 材料吸收热量并发生相变，从固态转变为液态；当室内温度降低时，PCM 材料释放热量并发生相变，从液态转变为固态。

步骤六，利用相变效应。

当 PCM 吸收热量时，有助于降低室内温度，减少空调的使用；当 PCM 释放热量时，有助于保持室内温度，减少加热设备的使用。

步骤七，优化系统。

根据 PCM 的实际表现，调整 PCM 的分布和厚度，以最大化热存储能力。结合智能控制系统，自动调节 PCM 的相变过程，以适应室内外温度的变化（见图 6-13）。

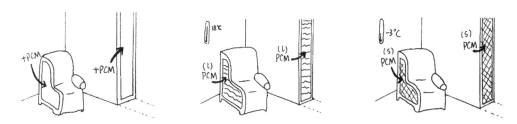

图 6-13　家具及建筑材料中加入 PCM 材料，随外部温度变化释放及吸收热量

6.5.4 思考题

以下是依据相变原理提供的三个思考题，每个思考题都将从背景、分析和提示三个角度展开。

思考题 1：如何利用相变原理提高工业冷却系统的效率？

背景：随着工业生产的发展，各种设备和工艺过程中的散热问题日益突出。冷却系统在保证设备正常运行、提高生产效率以及保障产品质量方面起着至关重要的作用。目前，工业冷却系统主要采用水冷或风冷方式，但这些传统方法在热交换效率、能耗和冷却速度等方面存在一定的局限性。相变原理是一种通过物质状态的改变来实现热能传递的方法，具有高效的热交换特性。

分析：相变原理，物质在相变过程中（如液态变为气态或固态变为液态）会吸收或释放大量的热能，这种热能传递效率远高于常规的导热或对流方式。工业冷却需求，工业设备在运行过程中产生大量热量，需要通过冷却系统迅速、高效地转移这些热量，以防止设备过热。现有冷却系统不足，传统的水冷和风冷方式在热交换效率、能耗、冷却速度等方面存在一定的局限性，难以满足高效率、低能耗的冷却需求。

提示：结合相变原理，设计一种新型的工业冷却系统，该系统利用某种物质在相变过程中吸收或释放热能的特性来实现高效冷却。例如，可以考虑使用液态金属作为冷却介质，利用其在液态和固态之间的相变过程来实现高效的热能传递。

思考题 2：如何利用相变原理开发新型智能药物缓释系统？

背景：传统的药物缓释系统通常难以精确控制药物的释放速度和剂量，导致治疗效果不佳或产生副作用。

分析：相变原理是指物质在特定条件下从一种相态转变为另一种相态，如固态到液态。通过利用相变原理，可以设计出智能药物缓释系统，实现药物在体内的精准释放。

提示：请思考如何利用相变材料（如脂质、聚合物等）设计一种智能药物缓释系统，该系统能够根据体内温度、pH 等生理参数的变化，自动调节药物释放的速度和剂量。例如，当体内温度升高或 pH 改变时，相变材料发生相变，释放出药物，从而实现按需给药。

思考题 3：如何利用相变材料提高新能源汽车电池的能量利用效率？

背景：随着新能源汽车的普及，电池的能量利用效率成为提高续航能力的关键因素。相变材料在热能储存与调节方面具有独特优势。

分析：相变材料在吸收和释放热能时，能在相变过程中储存大量热量，而不改变温度。新能源汽车电池在充放电过程中会产生大量热量，若能利用相变材料进行热能管理，有望提高电池的能量利用效率。

提示：考虑将相变材料应用于电池热管理系统，通过优化电池的工作温度范围，降低电池在高温下的能量损失，从而提高整体能量利用效率。同时，探讨相变材料在不同环境温度下的适用性和稳定性。

6.6 热膨胀原理

6.6.1 原理介绍

1. 原理概念

热膨胀原理，是基于物质在温度改变时发生体积或形状变化的特性。热膨胀原理的核心思想包括利用物体在受热或受冷时发生的膨胀或收缩效应，来创造新颖的设计和解决技术问题。

2. 具体指导细则

（1）利用材料的热膨胀或热收缩性质（见图 6-14）。

图 6-14　水银温度计

（2）使用具有不同热膨胀系数的材料。

3. 热膨胀原理的应用

热膨胀原理在多个领域中有着广泛的应用。在建筑中，热膨胀原理被用来设计热膨胀缝。建筑物在温度变化时会发生膨胀和收缩，通过设置热膨胀缝，可以有效地缓解因温度变化引起的应力，防止建筑结构受损。在电子设备中，热膨胀原理被用于设计热敏电阻和热敏开关，这些设备能够根据温度变化调整自身的电阻值或开关状态，从而控制电路的工作状态，确保电子系统的稳定性。在热力发电站中，热膨胀原理被用来设计蒸汽涡轮机。蒸汽在高温高压下进入涡轮机，使叶片膨胀，从而推动涡轮转动，将热能转化为机械能。

通过这些应用，热膨胀原理不仅提高了产品的性能和可靠性，还促进了技术创新，为各行各业带来了更加高效和可持续的解决方案。

6.6.2 热膨胀材料原理解决问题的具体操作步骤及注意事项

1. 热膨胀原理解决问题的具体步骤

步骤一，问题识别。

明确需要解决的具体问题，例如结构变形、密封失效或机械连接松动等。评估问题是否与温度变化有关，是否需要考虑材料的热膨胀特性。

步骤二，材料选择。

根据应用需求选择具有适当热膨胀系数的材料。对于不同材料，热膨胀系数明显不同，因此要选择能够合理适应温度变化的材料组合。评估材料的其他特性，如强度、韧性、耐腐蚀性等。

步骤三，设计阶段。

设计时考虑热膨胀效应，确保结构能够在温度变化下自由膨胀或收缩。预留适当的间隙或活动连接，例如在金属结构中设计热膨胀缝，以防止因膨胀引起的应力集中。采用复合材料或双金属结构，利用不同材料的热膨胀差异来实现特定的功能。

步骤四，原型制作与测试。

制作原型并进行实验，测试结构在不同温度下的表现。监测温度变化对结构的影响，观察是否发生预期的膨胀或收缩。

步骤五，数据分析与优化。

根据实验数据分析结构的性能，检查是否满足设计要求。如有必要，优化设计，调整材料选择或结构布局，以改善适应性或性能。

步骤六，实施与监控。

在实际应用中实施设计，并监控使用过程中温度变化对结构的影响。定期检修和维护，确保设计在长期使用中的可靠性和稳定性。

通过遵循上述步骤，可以有效地使用热膨胀原理来解决问题，并提高系统的整体性能。

2.注意事项

需要注意的是，长时间的热膨胀和收缩可能导致材料疲劳，因此需要对使用材料的耐疲劳性能进行评估；以及评估材料在快速温度变化（如热冲击）下的反应，必要时采用热隔离措施。

6.6.3 案例分析

1.案例

一座跨河大桥由于地处气候多变的区域，夏季高温和冬季低温之间的温差较大，桥梁结构需要能够适应这种温度变化，以避免因热膨胀和冷收缩引起结构损伤或变形。

2.分析求解

步骤一，问题识别。

具体问题：桥梁在高温季节可能会出现膨胀导致桥面变形或桥体连接处应力过大（见图 6-15），而在低温季节可能会因收缩产生裂缝。

评估：分析桥梁的现有结构，识别可能受到热膨胀影响的关键部位，如桥面、支撑梁和桥墩。

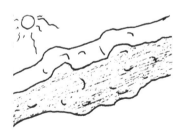

图 6-15 桥梁受热膨胀

步骤二，材料选择。

选择材料：选用热膨胀系数较低的钢材或混凝土，或者使用特殊配比的混凝土来减少热膨胀的影响。

评估其他特性：确保所选材料具有足够的强度和耐久性，以承受长期的使用和环境侵蚀。

步骤三，设计阶段。

设计热膨胀缝：在桥梁的关键部位设计热膨胀缝，允许桥体在温度变化时自由伸缩（见图 6-16）。

采用复合材料：在桥梁的某些部分使用复合材料，利用不同材料的热膨胀差异来减少整体的热变形。

预留间隙：在桥梁的连接处预留足够的间隙，以应对温度变化时的膨胀和收缩。

图 6-16　设计热膨胀缝

步骤四，原型制作与测试。

模型建造：根据设计制作桥梁的局部模型。

实验测试：在模拟的环境条件下测试模型的反应，包括热膨胀和收缩行为。

步骤五，数据分析与优化。

数据分析：收集实验数据，分析桥梁在温度变化下的表现，确定设计是否满足要求。

优化设计：根据测试结果调整热膨胀缝的位置和尺寸，或改进材料组合，以提高桥梁的适应性。

步骤六，实施与监控。

实际施工：按照优化后的设计建造桥梁，确保所有热膨胀缝和连接部件正确安装。

后期监控：定期对桥梁进行检查，监测热膨胀缝的性能和桥梁的整体结构状况，进行必要的维护和修复。

通过上述步骤，成功地解决了桥梁的热膨胀问题，确保了桥梁在不同气候条件下的结构安全和可靠性。同时，建立了一个长期的监控和维护计划，以保持桥梁的性能。

6.6.4 思考题

以下是依据热膨胀原理提供的三个思考题，每个思考题都将从背景、分析和提示三个角度展开。

思考题 1：城市轨道交通中的热膨胀问题

背景：随着城市化进程的加快，城市轨道交通系统成为人们日常出行的重要工具。地铁隧道穿越城市的地下空间，经常面临温度变化的影响，特别是在季节更替时，隧道内部的温度波动可能导致结构问题。

分析：地铁隧道通常由钢材和混凝土构成，这些材料在温度变化时都会发生热膨胀。若隧道设计时未能充分考虑热膨胀效应，可能会导致隧道变形、裂缝甚至影响运行安全。

提示：如何选择合适的材料，使得隧道在温度变化时能够更好地承受热膨胀？在隧道设计和施工中，可以采取哪些措施来减少热膨胀对结构的影响？如何对已经投入使用的隧道进行定期监测，以预防热膨胀引起的问题？

思考题 2：太阳能热水系统中的热膨胀问题

背景：太阳能热水系统利用太阳能集热器吸收热量，将水加热后供用户使用。然而，由于日夜温差较大，太阳能热水系统的储热水箱和管道容易受到热膨胀的影响。

分析：热水系统的储热水箱和管道在温度变化时会发生膨胀和收缩，如果没有适当的设计措施，可能会导致管道连接处泄漏或水箱破裂。

提示：如何设计储热水箱和管道，使其能够适应温度变化带来的热膨胀？是否可以通过选择不同热膨胀系数的材料来优化系统设计？在安装太阳能热水系统时，如何预留足够的间隙或采用柔性连接，以减少热膨胀对系统的影响？

思考题 3：电子设备散热片的热膨胀问题

背景：电子设备中的散热片用于快速传导和散发由电子元件产生的热量，以防止设备过热。然而，电子元件和散热片在温度变化时会发生热膨胀，这可能会影响设备的稳定性和寿命。

分析：散热片与电子元件之间的连接在温度变化时可能会因为热膨胀系数不同而产生应力，导致连接松动或接触不良，影响散热效率。

提示：如何选择热膨胀系数与电子元件相匹配的散热片材料？在设计和安装散热片时，可以采用哪些技术来减少因热膨胀产生的应力？如何通过优化散热片的结构设计，提高其在不同温度条件下的散热性能和稳定性？

6.7 柔性壳体或薄膜结构原理

6.7.1 原理介绍

1. 原理概念

柔性壳体或薄膜结构原理，是指通过使用柔性材料或薄膜来替代传统的三维结构，从而实现更灵活、更高效的设计和功能。

2. 具体指导细则

（1）用柔性壳体或薄膜代替传统结构。

（2）使用柔性壳体或薄膜将物体与环境隔离（见图 6-17）。

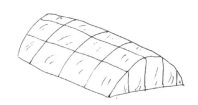

图 6-17　蔬菜大棚

3. 柔性壳体或薄膜结构原理的应用

柔性壳体或薄膜结构原理在多个领域中有着广泛的应用。在替代传统结构方面，柔性材料能够提供更好的适应性，如可折叠、可伸缩的屏幕或壳体，使得产品在携带和使用时更加方便。例如，柔性显示屏可以在不使用时折叠，大大减小了设备的体积。在隔离物体与外部环境方面，柔性壳体或薄膜能够有效地保护内部结构，防止外部环境对内部产生影响。例如，在农业上使用塑料大棚种菜，利用塑料薄膜的隔离作用，可以保温并创造一个适合植物生长的微环境。在医疗领域，柔性壳体或薄膜原理被用于制造人工器官和医疗器械。例如，人工血管和心脏瓣膜就是采用柔性材料制成，它们可以更好地适应人体内部的生理环境。在航空航天领域，柔性薄膜被用于制造卫星的太阳能帆板，使其能够展开到更大的面积以收集更多的太阳能。

总的来说，柔性壳体或薄膜结构原理的应用不仅提高了产品的性能，还推动了各行业向更高效、环保和创新的方向发展。

6.7.2 柔性壳体或薄膜结构原理解决问题的具体操作步骤及注意事项

1. 柔性壳体或薄膜结构原理解决问题的具体步骤

步骤一，问题识别。

首先，明确需要解决的问题或改进的产品特性。分析问题中存在的矛盾，比如结构强度与重量、刚性与适应性等。

步骤二，原理理解。

深入理解柔性壳体或薄膜结构原理，包括其如何替代传统结构，以及如何隔离物体与环境。

步骤三，材料选择。

选择合适的柔性材料，考虑其物理化学性质，如弹性、强度、耐久性。

步骤四，设计阶段。

概念设计：基于柔性壳体或薄膜原理，提出初步的设计概念。

细节设计：细化设计，考虑如何在产品中集成柔性材料，以及如何实现其功能。

步骤五，原型制作。

制作产品原型，以测试设计概念的可行性和性能。

步骤六，测试与优化。

对原型进行测试，评估其性能是否满足要求。根据测试结果进行优化。

步骤七，生产与实施。

在原型测试和优化完成后，进行批量生产和市场实施。

通过这些步骤，可以有效地利用柔性壳体或薄膜结构原理解决问题，并创造出新的产品解决方案。

2. 注意事项

需要注意的是，确保柔性壳体或薄膜能够适应不同的环境条件，如温度、湿度、化学腐蚀等，以及在医疗或食品包装等领域，确保材料安全无害，符合相关标准和法规。

6.7.3 案例分析

1. 案例

使用柔性壳体或薄膜结构原理来设计一种保护钢结构免受大火袭击的方案。

2.分析求解

步骤一，问题分析。

钢结构在高温下容易失去强度，导致结构失效（见图 6-18）。需要一种轻质、耐高温的覆盖材料来保护钢结构免受火灾影响。解决方案需要易于安装和更换，同时成本效益高。

图 6-18　高温导致结构失效

步骤二，原理理解。

柔性壳体或薄膜结构可以提供一个轻质、柔韧的保护层，能够覆盖在钢结构表面。这种结构可以采用耐高温的柔性材料，如玻璃纤维或碳纤维增强的复合材料，以隔离火焰对钢结构的直接接触。

步骤三，材料选择。

选择能够承受高温的材料，如防火玻璃纤维布或碳纤维复合材料。确保材料具有良好的热隔离性能和一定的机械强度，同时考虑其成本和可施工性。

步骤四，设计阶段。

概念设计：提出一个轻质、可包裹钢结构的柔性防火覆盖层设计，能够快速安装并紧密贴合钢结构表面（见图 6-19）。

细节设计：设计覆盖层的固定系统，确保在高温环境下覆盖层不会脱落，同时考虑覆盖层的通风和热膨胀。

图 6-19　增加防火覆盖层

步骤五，原型制作。

制作防火覆盖层的原型，包括所有必要的固定和连接部件。在模拟火灾条件下测试原型的有效性。

步骤六，测试与优化。

对原型进行高温测试，模拟实际火灾条件，评估其防火性能。根据测试结果优化设计，改善覆盖层的耐高温性能和机械强度。

步骤七，生产与实施。

在原型测试和优化完成后，进行批量生产，确保产品质量。

在现场实施安装，确保覆盖层正确地覆盖在钢结构上，并符合安全标准。对安装后的防火覆盖层进行最终检验，确保其满足防火要求。

这个案例中，柔性壳体或薄膜结构原理被用于设计一个能够保护钢结构免受大火袭击的防火覆盖层，它不仅能够有效隔离热量，还具有轻便和易于安装的特点，为钢结构提供了一种有效的防火保护。

6.7.4 思考题

以下是依据柔性壳体或薄膜结构原理提供的三个思考题，每个思考题都将从背景、分析和提示三个角度展开。

思考题 1：如何利用柔性壳体或薄膜结构原理设计一个可折叠的太阳能电池板？

背景：随着可再生能源技术的发展，太阳能电池板的应用越来越广泛。然而，传统的太阳能电池板体积大、重量重，不易携带和安装。

分析：柔性壳体或薄膜结构原理可以应用于太阳能电池板设计，以减轻重量、减小体积，并提高可携带性。柔性材料的使用可以使太阳能电池板具有可折叠性。

提示：在设计可折叠的太阳能电池板时，可以考虑选择轻质且具有良好的光电转换效率的柔性太阳能电池材料，如有机太阳能电池或柔性硅薄膜；设计一种折叠机制，使太阳能电池板可以在不损坏电池片的情况下折叠和展开；考虑电池板折叠后的保护和存储方式，例如使用柔性壳体或薄膜材料作为保护层。

思考题 2：如何利用柔性壳体或薄膜结构原理设计一种可穿戴的污染检测设备？

背景：随着环境污染问题日益严重，人们越来越关注空气质量。可穿戴的污染检测设备可以帮助用户实时监测周围环境的污染物。

分析：柔性壳体或薄膜结构原理可以应用于设计轻便、舒适且具有良好透气性的可穿戴设备。柔性材料可以贴合人体轮廓，减少设备对日常活动的影响。

提示：在设计可穿戴的污染检测设备时，可以考虑选择具有高灵敏度和选择性的柔性传感器材料，用于检测不同的污染物；设计一种柔性的壳体结构，使设备能够紧密贴合身体，同时保持良好的透气性；考虑设备的电源和数据处理系统，使其能够在可穿戴的形态下长时间工作并提供实时数据。

思考题 3：如何利用柔性壳体或薄膜结构原理设计一个可膨胀的临时避难所？

背景：在灾难救援行动中，快速部署的临时避难所对于保护受灾人员至关重要。然而，传统的临时避难所通常需要大量时间和人力来搭建。

分析：柔性壳体或薄膜结构原理可以应用于设计快速部署的临时避难所，这种避难所可以迅速膨胀并提供即时保护。

提示：在设计可膨胀的临时避难所时，可以考虑选择具有良好强度和耐久性的柔性材料，用于制造避难所的壳体；设计一种快速膨胀的机制，如充气系统，使避难所可以在短时间内展开并结构稳定；考虑避难所的保温和防护性能，以及其便于运输和存储的特点。

6.8 复合材料原理

6.8.1 原理介绍

1. 原理概念

复合材料原理，是指在设计中结合两种或多种不同性质的材料，以创造出具有更优异性能的新材料。

TRIZ 理论中的 40 个发明原理为创新设计提供了强大的方法论，复合材料原理并非直接作为一条独立的原理存在，但其概念贯穿于多个原理之中。在 40 个发明原理中，复合材料原理的概念主要体现在以下几个方面。首先，"分割原理"建议将单一物体分割成独立的部分，这些部分可以是不同的材料组合。例如，将一种刚性材料与一种柔性材料结合，形成具有不同性能区域的复合材料，从而提升整体的功能性。其次，"复合材料原理"直接涉及复合材料的概念，它提倡将不同材料组合在一起，利用每种材料的特性来提升整体性能。例如，将金属和高分子材料结合，制成具有良好力学性能和耐腐蚀性的复合材料。"曲面化原理"和"动态性原理"也涉及复合材料原理，通过设计不同材料的层状结构或动态组合，可以创造出具有特定曲面形状和适应性的复合材料。

2. 具体指导细则

将材质单一的材料改为复合材料（见图 6-20）。

图 6-20　冲浪板添加玻璃纤维（更轻更结实）

3. 复合材料原理的应用

复合材料原理在多个领域中有着广泛的应用。在航空航天领域，复合材料原理的应用尤为显著，通过将轻质高强度的碳纤维与树脂等材料复合，制成了飞机和航天器的结构部件，如机翼、尾翼、机身等，这些复合材料部件不仅减轻了重量，还提高了结构的强度和刚度，从而提升了燃油效率和载荷能力。在汽车工业中，复合材料原理也被广泛应用，汽车制造商利用复合材料制作车身、引擎盖、保险杠等部件，以减轻车辆重量，提高燃油经济性和车辆性能，同时，复合材料的耐腐蚀性和抗冲击性能也使得汽车在恶劣环境中具有更长的使用寿命。在医疗领域，复合材料原理被用于制造人工骨骼和牙齿。通过将生物相容性材料与高强度材料复合，制成了与人骨相似性能的人工植入物，这些植入物能够更好地与人体组织结合，提高手术的成功率和患者的生活质量。

综上所述，复合材料原理在航空航天、汽车和医疗等多个行业领域的应用，不仅提高了产品的性能，还推动了行业的创新与发展。

6.8.2 复合材料原理解决问题的具体操作步骤及注意事项

1. 复合材料原理解决问题的具体步骤

步骤一，问题识别。

确定需要解决的技术问题或需求。分析问题中存在的矛盾，例如重量与强度的矛盾，成本与性能的矛盾等。

步骤二，需求定义。

明确复合材料需要达到的性能指标，如强度、刚度、耐热性、耐腐蚀性等。确定复合材料的应用环境，如温度、湿度、压力等。

步骤三，材料选择。

根据性能需求选择合适的基体材料和增强材料。考虑材料的加工性、成本和可持续性。

步骤四，设计复合材料结构。

设计复合材料的微观结构，包括纤维的排列、层合顺序等。考虑复合材料在制造和使用过程中的力学行为。

步骤五，制备工艺。

选择合适的制备工艺，如手糊、真空、树脂传递模塑等。确保工艺过程能够精确控制，以保证复合材料的性能和质量。

步骤六，性能测试。

制备样品并进行性能测试，以验证是否满足设计要求。根据测试结果调整复合材料的设计和工艺。

通过以上步骤，可以有效地利用复合材料原理来解决特定的技术问题。

2. 注意事项

要确保选用的基体材料和增强材料之间具有良好的化学兼容性，避免发生不良反应。

6.8.3 案例分析

1. 案例

使用复合材料原理来设计一款轻质且强度高的自行车架（见图 6-21）。

图 6-21　自行车的转变

2.分析求解

步骤一，问题识别。

技术问题：传统金属自行车架重量较大，影响骑行效率和速度。

矛盾分析：需要在保持结构强度的同时，显著减轻重量。

步骤二，需求定义。

性能指标：自行车架需具备足够的强度和刚度，以承受骑行中的各种力，同时重量要轻。

应用环境：自行车架将面临不同的气候条件，包括高温、低温、湿度等。

步骤三，材料选择。

基体材料：选择环氧树脂作为基体，具有良好的黏结性和机械性能。

增强材料：选择碳纤维作为增强材料，因其具有高强度和低重量的特性。

步骤四，设计复合材料结构。

微观结构：设计多层的碳纤维布层合结构，以提供所需的强度和刚度。

力学行为：考虑在制造和使用过程中，复合材料对冲击、振动和疲劳的响应。

步骤五，制备工艺。

选择真空工艺，因为它能够确保纤维和树脂的均匀分布，减少气泡和缺陷。确保工艺过程中的温度和压力控制精确，以保证复合材料的质量。

步骤六，性能测试。

制备样品并进行拉伸、压缩、弯曲等力学性能测试。进行疲劳和冲击测试，以模拟长期使用条件下的性能。根据测试结果调整材料选择和层合设计，优化自行车架的性能。

通过上述流程，制造出了轻质高强度的复合材料自行车架，提高了骑行效率和性能。

6.8.4 思考题

以下是依据复合材料原理提供的三个思考题，每个思考题都将从背景、分析和提示三个角度展开。

思考题 1：复合材料在机械制造中轻量化设计的应用

背景：随着现代工业对机械设备的性能要求不断提高，轻量化设计成为提升机械效率和降低能耗的重要手段。

分析：复合材料因其高强度、低密度等特性，在机械制造中广泛应用，但同时也需考虑到材料成本、制造工艺和结构强度等问题。

提示：复合材料在机械部件中替代传统金属材料的具体优势；如何在保证机械结构强度的前提下，通过复合材料实现有效的轻量化；分析复合材料在轻量化设计中可能面临的挑战，如成本控制、材料选择和制造工艺。

思考题 2：复合材料在医疗器械中的生物相容性考量

背景：医疗器械的生物相容性是衡量其安全性的重要指标，复合材料在医疗器械领域的应用日益广泛。

分析：尽管复合材料具有良好的生物相容性，但在用于医疗器械时，还需考虑材料内部的化学稳定性、机械强度以及与生物体的相互作用。

提示：碳纤维复合材料在医疗植入物中的生物相容性及其对治疗效果的影响；如何评估和测试复合材料在医疗器械中的应用对生物体的影响；探讨复合材料在医疗器械中应用时，如何平衡其生物相容性与机械强度。

思考题 3：复合材料在机械制造中的耐磨损性能研究

背景：机械部件在高速运动或高负荷条件下，磨损问题突出，影响设备的使用寿命和效率。

分析：复合材料因其独特的耐磨性，在机械制造领域有巨大的应用潜力，但耐磨性能与材料组分、结构设计和制造工艺紧密相关。

提示：分析不同类型复合材料在耐磨性方面的差异及其适用场景；探讨如何通过优化复合材料的设计和制备工艺来提升其耐磨性能；研究复合材料在特定磨损条件下的磨损机制，以指导其在机械制造中的应用。

第 7 章　基于环境属性的发明原理详解及应用案例分析

7.1 强氧化作用原理

7.1.1 原理介绍

1. 原理概念

强氧化作用原理又叫作强氧化剂原理，其核心思想是通过提高氧化过程的效率和强度，以达到改善材料性能、提高工艺效率或解决特定问题的目的。这一过程可以通过使用不同级别的氧化剂来实现，如从普通空气到富氧空气、纯氧、电离氧气、臭氧乃至更高氧化性的物质。这种逐步增强的氧化过程，旨在强化氧化效果，满足不同的应用需求，这一原理常用于解决与化学反应、材料处理、清洁等相关的问题。

2. 具体指导细则

（1）用富氧空气代替普通空气。

（2）用纯氧代替空气（见图 7-1）。

图 7-1　Mg 在纯氧中燃烧

（3）把空气或氧气进行电离辐射。

（4）使用臭氧代替氧气。

3. 强氧化作用原理的应用

强氧化作用原理可应用于以下行业。金属加工行业：在金属切割、焊接等工艺中，使用乙炔－氧混合气体代替乙炔－空气混合气体，可以显著提高切割速度和焊接质量。这是因为纯氧作为氧化剂，能够更充分地支持燃烧反应，使金属快速熔化或切割。医疗卫生行业：医院中，给病人吸氧是加速氧化原理的一个常见应用。通过吸入纯氧或富氧空气，可以提高血液中的氧含量，有助于改善病人的呼吸功能和身体状况。环境保护行业：在废水处理、空气净化等领域，可以利用臭氧等强氧化剂进行氧化处理。臭氧具有强氧化性，能够迅速分解有机物、杀灭细菌和病毒等有害物质，从而达到净化环境的目的；食品保鲜行业：在食品工业中，可以利用强氧化剂如臭氧进行食品保鲜处理。臭氧能够破坏食品表面的微生物细胞结构，抑制其生长繁殖，从而延长食品的保质期。化学合成行业：在化学合成领域，加速氧化原理也被广泛应用于氧化反应中。通过选择合适的氧化剂和优化反应条件，可以实现高效、高选择性的氧化反应，合成出具有特定结构和性质的化合物。

综上所述，TRIZ 中的强氧化作用原理在多个行业领域都有着广泛的应用。通过合理选择氧化剂、优化氧化条件以及确保安全性和环保性等措施的实施，可以充分发挥加速氧化原理的优势，实现各种特定的应用目标。

7.1.2 强氧化作用原理解决问题的具体操作步骤及注意事项

1. 强氧化作用原理解决问题的具体步骤

步骤一，问题识别。

明确问题是什么。例如，假设我们面临一个化学反应效率低的问题，希望通过增强氧化作用来提高反应产率。

步骤二，分析现状。

了解当前系统的运行机制和问题根源。如分析化学反应的机理、反应条件和使用的催化剂等。

步骤三，应用强氧化作用原理。

确定可以利用强氧化作用原理来解决问题的可能性。这可能涉及引入更强的氧化剂或改变反应条件，例如增加氧气供给量或提高反应温度。

步骤四，选择适当的氧化剂或反应条件。

选择适合的氧化剂，例如氧气，或者考虑增加反应的温度和压力来促进氧化反应的进行。

步骤五，实施方案。

根据选定的方案调整实验条件或生产工艺。确保调整后的条件能够有效提高系统的性能或解决问题。

步骤六，验证效果。

实施后，评估效果。测量产率、反应速度或其他相关指标，以确定是否达到预期的改进效果。

步骤七，调整和优化。

如果需要，根据实验结果调整反应条件或氧化剂的使用方法，进一步优化系统的性能。

2. 注意事项

（1）安全性。操作过程中要确保氧化剂的使用安全，避免意外发生。

（2）环境影响。考虑强氧化作用可能带来的环境影响，确保措施符合环保要求。

（3）反应控制。在调整反应条件时要注意控制，避免过度反应或反应失控。

（4）成本效益。评估方案实施的成本与效益，确保改进是经济可行的。

7.1.3 案例分析

1. 案例

假设一个化工公司面临某种化学反应的产率低下问题。经过分析发现，反应过程中的氧化步骤效率较低，需要提高反应产率来降低成本（见图 7-2）。

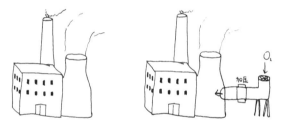

图 7-2　通过强氧化作用解决化工问题

2. 分析求解

步骤一，问题识别。

化学反应的产率低，影响了产品的生产效率和利润。

步骤二，分析现状。

分析反应机理发现，反应中的一个关键步骤是氧化反应，但氧化效率不高。

步骤三，应用强氧化作用原理。

决定采用增加氧气供给量的方法，以增强氧化反应，从而提高产率。

步骤四，选择适当的氧化剂或反应条件。

确定增加氧气流量，并优化反应温度和压力，以促进更有效的氧化反应。

步骤五，实施方案。

在生产实验中，调整反应装置，增加氧气流量，并根据实验结果优化反应条件。

步骤六，验证效果。

测量新条件下的反应产率，发现产率明显提高，符合预期。

步骤七，调整和优化。

根据经验数据进一步调整氧化反应的具体参数，确保在长期生产中能够保持稳定的高产率。

7.1.4 思考题

以下是依据强氧化作用原理提供的三个思考题，每个思考题都将从背景、分析和提示三个角度展开。

思考题 1： 金属制品表面生锈问题

背景：一家金属加工厂的金属制品表面容易生锈，影响产品质量和销售。

分析：生锈可能是由于金属表面的防护层不足或失效，环境中的湿度和氧气导致氧化反应加速。需要考虑如何通过强氧化作用来改善金属表面的性质，增强防锈能力。

提示：可以研究采用特定的强氧化剂处理金属表面，形成更坚固的氧化膜；或者探索新的防锈涂层，其成分能在特定条件下产生强氧化作用，抑制生锈。

思考题 2： 印染厂染料污染问题

背景：某印染厂的废水含有大量的染料，常规处理方法难以完全去除颜色，对环境造成污染。

分析：染料分子在水中稳定存在，普通的处理方法无法有效分解。需要思考如何利用强氧化作用破坏染料分子的结构，使其脱色。

提示：尝试不同的强氧化剂，研究其对特定染料的脱色效果；优化反应条件，如温度、pH 等，提高脱色效率；同时考虑成本和后续处理的便利性。

思考题 3：实验室反应物存在杂质问题

背景：某实验室在进行有机合成实验时，反应产物中存在杂质，影响后续实验和产品质量。

分析：杂质可能是由于反应不完全或者副反应产生的。需要研究是否可以通过强氧化作用去除这些杂质。

提示：筛选适合的强氧化剂，既要能与杂质反应，又不能影响目标产物；进行小试实验，确定氧化剂的用量和反应时间；关注反应的选择性和安全性。

7.2 惰性介质原理

7.2.1 原理介绍

1. 原理概念

惰性介质原理又叫作惰性环境原理，旨在利用惰性介质（通常指那些在特定条件下不发生变化或仅发生微弱变化的物质或条件）来减少或消除系统中不必要的影响、损耗或变化。其核心思想是通过引入或优化这些惰性介质，来提高系统的稳定性、效率或者降低系统的复杂性。

2. 具体指导细则

（1）用惰性环境代替正常环境（见图 7-3）。

图 7-3　电灯泡中充填氮气防止灯丝氧化

（2）使用真空环境。

3.惰性介质原理的应用

惰性介质原理可应用于以下行业：食品行业的真空包装技术：通过去除包装中的空气，创造缺氧环境（一种惰性环境），减缓食品降解速度，从而延长食品的保质期。这既保持了食品的新鲜度和营养价值，又减少了食品浪费和运输成本。照明行业的霓虹灯和白炽灯：霓虹灯利用真空环境减少气体放电过程中的能量损失，提高发光效率；而充满惰性气体的白炽灯则通过惰性气体（如氩气）减缓灯丝氧化，延长灯泡寿命。电子工业的芯片封装：在芯片封装过程中使用惰性气体（如氮气）作为保护气体，防止芯片在封装过程中受到氧化和污染，提高产品的可靠性和稳定性。化学工业的化学反应控制：在某些化学反应中，通过加入惰性物质（如惰性溶剂）来降低反应速率或改变反应路径，从而优化反应条件和产物收率。

综上所述，TRIZ 惰性介质原理在多个行业领域具有广泛的应用前景，通过创造和利用惰性环境，可以显著提升系统性能、延长产品寿命并降低成本。

7.2.2 惰性介质原理解决问题的具体操作步骤及注意事项

1.惰性介质原理解决问题的具体步骤

步骤一，问题识别。

明确需要解决的问题，包括问题的背景、现状、影响等，确定问题的核心矛盾点，即为什么需要引入惰性介质。

步骤二，系统分析。

分析系统或产品的当前环境，识别哪些因素可能导致性能下降或产生负面影响，确定哪些部分或过程需要被惰性介质所包围或替代。

步骤三，惰性介质选择。

根据系统或产品的特性，选择合适的惰性介质。这可能包括真空、惰性气体、不活泼金属或其他具有稳定化学和物理特性的物质,考虑惰性介质的成本、可获得性、对系统的影响等因素。

步骤四,设计方案。

设计将惰性介质引入系统或产品的具体方案。这可能包括改变包装、增加惰性气体填充、涂覆惰性涂层等措施,确保设计方案能够有效地解决问题,并考虑其可行性和实施难度。

步骤五,方案评估与优化。

对设计方案进行评估,包括其效果、成本、安全性等方面,根据评估结果对方案进行优化,以确保其达到最佳效果。

步骤六,实施与验证。

将优化后的方案付诸实施,并监测其实施效果,收集数据,验证方案是否解决了问题,并评估其长期效果。

2. 注意事项

(1)深入理解问题:在应用惰性介质原理之前,必须深入理解问题的本质和核心矛盾点。

(2)合理选择惰性介质:根据系统或产品的特性选择合适的惰性介质,避免盲目选择或生搬硬套。

(3)考虑全面影响:在设计方案时,要全面考虑惰性介质对系统或产品可能产生的影响,包括正面和负面影响。

(4)持续优化:在方案实施后,要根据实际效果进行持续优化和改进,以确保其长期有效。

7.2.3 案例分析

1. 案例

某电子产品在运输和储存过程中容易受到潮湿和氧化的影响，导致性能下降和寿命缩短。以下是使用惰性介质原理解决问题的流程。

2. 分析求解

步骤一，问题识别与定义。

问题：电子产品在运输和储存过程中容易受到潮湿和氧化的影响。

目标：减少电子产品受潮湿和氧化的影响，延长其使用寿命。

步骤二，系统分析。

电子产品内部的电子元器件对潮湿和氧气敏感，容易导致腐蚀和氧化，需要为电子产品创造一个干燥、无氧的惰性环境。

步骤三，惰性介质选择。

选择氮气作为惰性介质，因为氮气化学性质稳定，不易与其他物质发生反应。

步骤四，选择适当的氧化剂或反应条件。

确定增加氧气流量，并优化反应温度和压力，以促进更有效的氧化反应。

步骤五，设计方案。

在电子产品的包装中充入氮气，以排除包装内的氧气和湿气，使用氮气填充机对包装进行氮气填充，并密封包装以防止外部空气进入（见图 7-4）。

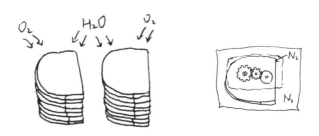

图 7-4　电子产品包装中充入氮气防止受潮或氧化

步骤六，方案评估与优化。

通过模拟运输和储存环境测试，验证氮气填充包装的有效性，根据测试结果调整氮气填充量和包装密封性，以确保达到最佳效果。

步骤七，实施与验证。

将优化后的氮气填充包装方案应用于实际生产中，收集用户反馈和市场数据，验证氮气填充包装对电子产品性能和使用寿命的改善效果。

7.2.4 思考题

以下是依据惰性介质原理提供的三个思考题，每个思考题都将从背景、分析和提示三个角度展开。

思考题 1：化学实验室无氧环境问题

背景：在化学实验室中，某些实验需要在无氧环境下进行，但现有的设备无法完全排除氧气的干扰。

分析：氧气的存在可能导致实验反应异常、产物不纯等问题。需要思考如何利用惰性介质更有效地创建无氧环境。

提示：可以考虑不同惰性气体的效果和成本，优化气体注入和排放的方式，以及改进实验设备的密封性。

思考题 2：芯片合格率问题

背景：一家电子厂的芯片封装过程中，芯片容易受到静电和潮湿空气的损害，影响产品合格率。

分析：静电和潮湿空气会对芯片的性能和寿命产生不利影响。需要研究如何通过惰性介质来保护芯片。

提示：探索使用特定的惰性气体或液体来消除静电、隔绝潮湿空气，同时要考虑对封装工艺和成本的影响。

思考题 3：金属熔炼问题

背景：在金属熔炼过程中，金属液容易与炉内的气体发生反应，导致成分改变和质量下降。

分析：炉内气体的成分和反应条件是影响金属质量的关键因素。如何利用惰性介质改善熔炼环境是需要解决的问题。

提示：研究适合的惰性气体或熔剂，优化熔炼炉的结构和气体循环系统，以减少有害反应的发生。